著者简介

瓦伊巴夫·塔拉特

"1 Rupee S T"的企业家和导师。1995年在Kolhapur的Shivaji大学获得电子学士学位。1999年毕业于印度理工学院孟买分校,主修航空航天控制与制导,获得理工硕士学位。在半定制ASIC和FPGA设计方面拥有超过18年的经验,主要使用的HDL语言有Verilog、SystemVerilog和VHDL。曾在几家跨国公司担任顾问、高级设计工程师和技术经理。专业领域包括使用VHDL、Verilog和SystemVerilog进行RTL设计、基于FPGA的复杂设计、低功耗设计、综合优化、静态时序分析、微处理器系统设计、高速VLSI设计以及复杂的SoC结构设计。

谨以此书献给 Kaju、Somi、Siddhesh 和 Kajal

数字IC设计工程师丛书

SystemVerilog
硬件设计 RTL设计和验证

〔印〕瓦伊巴夫·塔拉特 著

孙 健 魏 东 译

科学出版社

北 京

图字：01-2024-0335号

内 容 简 介

本书侧重于使用SystemVerilog编写高效的RTL代码，通过大量示例代码展示如何使用SystemVerilog进行硬件设计和验证。

全书共分15章，内容包括SystemVerilog中的常量和数据类型、SystemVerilog的硬件描述、SystemVerilog中的面向对象编程、SystemVerilog增强特性、SystemVerilog中的组合逻辑设计、SystemVerilog中的时序逻辑设计、RTL设计和综合指南、复杂设计的RTL设计和策略、有限状态机、SystemVerilog中的端口和接口、验证结构、验证技术和自动化、高级验证结构、验证案例等。

本书适合数字IC验证工程师阅读，也可以作为高等院校微电子、自动化、电子信息等相关专业师生的参考用书。

图书在版编目（CIP）数据

SystemVerilog硬件设计：RTL设计和验证/（印）瓦伊巴夫·塔拉特（Vaibbhav Taraate）著；孙健，魏东译.—北京：科学出版社，2024.4
（数字IC设计工程师丛书）
书名原文：SystemVerilog for Hardware Description：RTL Design and Verification
ISBN 978-7-03-078383-7

Ⅰ.①S… Ⅱ.①瓦… ②孙… ③魏… Ⅲ.①硬件描述语言–程序设计 Ⅳ.①TP312

中国国家版本馆CIP数据核字（2024）第074656号

责任编辑：杨 凯/责任制作：周 密 魏 谨
责任印制：肖 兴/封面设计：杨安安

科学出版社 出版
北京东黄城根北街16号
邮政编码：100717
http://www.sciencep.com
天津市新科印刷有限公司印刷
科学出版社发行 各地新华书店经销
*
2024年4月第 一 版 开本：787×1092 1/16
2024年4月第一次印刷 印张：18
字数：360 000
定价：78.00元
（如有印装质量问题，我社负责调换）

译者序

SystemVerilog 语言经过多年的发展，已经不再单纯是一种验证语言，它所具有的设计特性和验证特性，使其逐渐成为芯片设计验证过程中使用的一种主流语言，特别是基于 SystemVerilog 开发的验证方法学的蓬勃发展，使得 SystemVerilog 的应用更加广泛。

本书介绍了 SystemVerilog 常用的语法结构，同时通过大量示例介绍了 SystemVerilog 在设计验证领域的应用。原书作者瓦伊巴夫·塔拉特（Vaibbhav Taraate）是一名企业导师，也是一名资深数字电路工程师，在数字电路设计验证领域具有丰富的工作经验，书中很多示例都来自于作者多年的工作经验积累。本书没有涉及深奥枯燥的理论，语法结构紧密结合示例，同时大量示例代码都给出了对应的电路结构，语言深入浅出，特别适合期望使用 SystemVerilog 进行设计验证的初学者阅读学习，同时本书也可供有工作经验的工程师查阅，书中的一些示例也适用于工程师日常的工作。

在本书的翻译之初和翻译过程中，西安微电子技术研究所的杨靓老师、李海松、黄媛媛、娄冕、肖刚、张辉、王宇飞、刘明、孙泽等同事提出了很多具有指导性的意见，并且为本书的翻译工作提供了很多支持帮助，在此表示衷心的感谢。

衷心感谢科学出版社的支持，特别感谢出版社的杨凯老师和其他各位编辑的帮助、鼓励与督促。正是他们勤勤恳恳的工作，才使得本书的中译本与广大读者见面，在此再次深表谢意。

由于译者经验和水平有限，虽然经过多次仔细斟酌和校对，仍难免存在不足与疏漏之处，还请读者朋友不吝赐教，批评指正。

前　言

在过去的二十年里，设计的复杂性呈指数级增长，为了获得无缺陷的 SoC 和产品，需要在验证工作中付出更多的努力。良好的验证计划和验证架构的定义，有助于我们推出没有缺陷的产品和 SoC。而验证团队的目标就是在设计早期找到设计中存在的功能缺陷。

随着设计复杂性的指数级增长，需要更多的团队成员来完成 RTL 验证和物理验证方面的工作。与 2005 年的情况不同，现在的验证工作需要更多的人力和时间，目标则是基于覆盖率驱动和断言的验证。

在过去的十年中，我们大多数人仍在使用 Verilog-1995、Verilog-2001 和 Verilog-2005，这些语言的问题是缺少面向对象语言的编程特性。也正是出于这个原因，验证成为一个耗时的过程。上述这些语言是为了满足 ASIC 和 SoC 验证的需要，在 1995 年至 2005 年期间发展起来的。使用 TLM 进行系统验证的 SystemC 语言和作为 Verilog 超集的 SystemVerilog 使 ASIC 和 SoC 的验证更加可靠健壮。

从 2005 年开始，SystemVerilog 更新了很多次，当前的稳定版本是 IEEE 1800-2017。SystemVerilog 吸取了 C、C++、面向对象编程的特性，并被广泛应用于 ASIC 和 SoC 的设计验证中。简单来说，我们可以说该语言是为设计工程师和验证工程师设计的，所以它是一种硬件设计和验证语言。

本书的主要目的是鼓励工程师和专业人员养成使用 SystemVerilog 进行硬件设计的习惯。无论是基于 ASIC 还是基于 FPGA 的设计，该语言都可以凭借其强大的可综合结构来进行 RTL 设计，同时也可以使用其不可综合结构进行验证。

本书共分 15 章，涵盖 SystemVerilog 的基础知识及使用 SystemVerilog 进行硬件设计和验证等方面的内容。本书使用的 SystemVerilog 依据是语言参考手册（LRM）中的语法定义，RTL 原理图是通过 Xilinx EDA 工具 Vivado 获得。读者可以访问 www.xilinx.com 获取有关 FPGA 系列、工具和许可证等方面更多的详细信息。

　　第 1 章涵盖 ASIC 设计流程、验证和验证策略的基础知识，有助于理解 Verilog-2001、Verilog-2005 的 RTL 设计风格及 SystemVerilog 的基础知识。

　　第 2 章涵盖 SystemVerilog 常量、数据类型、预定义门和建模风格，有助于理解字符串数据类型和字符串相关的特殊方法。

　　第 3 章介绍操作符、数据类型和 SystemVerilog 的基本结构，同时还涉及并发性及用于组合逻辑和时序逻辑建模的过程块。

　　第 4 章讨论枚举类型、结构体、共用体和数组，以及它们在设计和验证过程中的应用。

　　第 5 章基于 IEEE 1800-2017 标准，讨论关于 SystemVerilog 的重要结构和其他 SystemVerilog 的增强特性，本章对理解本书中使用的循环、函数、任务和标签非常有用。

　　第 6 章涵盖可综合的结构及一些重要的组合逻辑设计模块，例如数据选择器、数据分配器、解码器、编码器和优先级编码器等。本章有助于理解建模时使用的 always_comb 过程块、参数、条件赋值及程序执行的并发性。

　　第 7 章涵盖 always_latch 和 always_ff 等过程块，以及它们在时序设计中的应用，例如锁存器、触发器、计数器和移位寄存器、基于时钟的算术和逻辑运算单元。本章还涉及一些高效的设计结构，以及同步和异步复位的概念。

　　第 8 章涵盖使用 SystemVerilog 可综合结构进行设计的综合指南和设计优化，以及 case-endcase、full_case/parallel_case、嵌套的具有 unique 和 priority 的 if-else 结构及其应用。本章有助于理解硬件设计中面积优化、速度和功耗改进等方面的内容。

　　第 9 章涵盖使用 SystemVerilog 结构描述的复杂设计，例如 ALU、桶型移位器、仲裁器、存储器（单端口和双端口 RAM）、FIFO 及其综合结果。

　　第 10 章涵盖 Moore 和 Mealy 有限状态机设计，以及序列检测器、二段式和三段式状态机、控制器设计、数据路径和控制路径的综合，本章有助于理解 FSM 的优化技术。

第 11 章介绍 SystemVerilog 中的各种端口连接方式、接口和模块,这些是在设计和验证过程中使用的强大功能结构。同时,本章还涉及模块实例化、modport、旗语和信箱。

第 12 章涵盖 SystemVerilog 不可综合的结构,例如 initial 过程块、时钟和复位生成逻辑、测试用例、测试向量,以及验证和测试平台的基本概念。本章有助于理解使用 SystemVerilog 实现的激励产生器、响应检查器和测试平台。

第 13 章涵盖 SystemVerilog 层次化事件调度、延迟、基于事件和周期的验证,以及验证过程中的自动化。本章有助于理解自动化测试平台和 clocking 时钟块的作用。

第 14 章讨论了进阶的验证技术、随机化、受约束的随机化和基于断言的验证。本章还涉及使用各种测试平台组件实现的关于简单存储器模型验证环境的构建研究。

第 15 章讨论使用 DUV、接口、产生器、驱动器、监控器和记分板等测试平台组件实现的验证环境案例的研究。

本书对于理解使用 SystemVerilog 进行硬件设计和验证的基础知识非常有用,期望读者朋友们能够紧跟设计和验证的新发展与变化,抓住更好的职业机会。

瓦伊巴夫·塔拉特

致　谢

本书源于我从 2006 年开始在 RTL 设计和验证领域的工作，开发算法和架构的工作在未来还将持续，希望对其他专业人士和工程师有所帮助。

本书的出版得到很多人的帮助，我非常感谢所有的参与者。我还要感谢在过去 18 年里一起工作过的所有企业家、设计验证工程师及管理人员。

特别感谢我最亲爱的 Kaju 给予我的支持，她对我的生活给予了很大的帮助，感谢她在我的创业过程中为我排忧解难，感谢她的祝福和鼓舞，永远感激她所做的一切！

还要感谢我最亲爱的 Somi、我的儿子 Siddhesh 和我的女儿 Kajal 在这段时间里给予我的支持与帮助！

特别感谢我的父亲、母亲和我的精神导师，感谢他们对我的信任，他们的支持使我更加坚强！

最后，感谢 Springer Nature 的工作人员，尤其是 Swati Meherishi、Rini Christy，Jayanthi，Ashok Kumar 和 Jayarani 对我的信任、支持与帮助。

特别感谢所有购买、阅读和喜欢本书的读者！

目　录

第1章 绪 论

让我们了解设计和验证的基础

随着 ASIC 和 SoC 中逻辑资源的指数级增长，在过去的十年中，设计和验证变得越来越重要。为了加快设计和验证，很多芯片和相关产品的制造公司都使用 SystemVerilog 作为设计和验证语言。

验证一款复杂的 SoC 是一项耗费时间的任务，而验证团队的目标则是发现设计中的功能缺陷。如今，与更多早期发现的缺陷相比，验证方法和验证技术的发展更能促进覆盖率的提高。验证工作主要在模块级、顶层和芯片级上展开，在这样的情况下，作为验证语言的 SystemVerilog 得到了广泛应用。本章将讨论 Verilog 和 SystemVerilog 作为设计和验证语言的基础内容，通过本章的学习将有助于理解设计和验证所面临的挑战与目标。

1.1 ASIC设计流程

ASIC 的设计流程如图 1.1 所示，主要分为前端设计和物理设计。

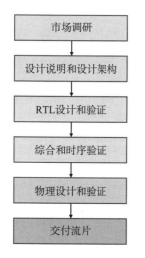

图 1.1 ASIC 设计流程

前端设计阶段，主要是采用模块化设计方法实现所要设计的功能，前端设计流程也常被称为逻辑设计流程，该阶段主要包括如下工作：

（1）市场调研。

（2）设计说明提取和设计规划。

（3）设计架构和微结构划分。

（4）使用 SystemVerilog 进行设计。

（5）使用 SystemVerilog 进行 RTL 验证。

（6）逻辑综合。

（7）可测性设计（DFT）。

（8）布局布线前 STA（静态时序分析）。

很多时候，复杂设计的 RTL（寄存器传输级）设计和验证是同时启动的，这样团队就可以在设计验证阶段同时开展工作并完成对应的工作，从而在提高团队效率的同时完成期望的设计目标。

即使是半定制 ASIC 设计，也可以在完成一些模块级设计的同时进行综合，从而可以预估所要使用的资源。

物理设计流程的主要阶段如下：

（1）版图设计。

（2）功耗设计。

（3）时钟树综合（CTS）。

（4）布局布线（PR）。

（5）布局布线后 STA。

（6）物理验证。

（7）交付流片。

上述两个阶段都包括了不同的团队，并且需要根据设计和项目的规划来满足每个阶段的要求。

在 ASIC 设计和验证的过程中，还有很多相关的重要小组协同工作，这些小组包括：

（1）项目管理组。

（2）结构设计组。

（3）RTL 设计组。

（4）RTL 验证组。

（5）逻辑综合组。

（6）DFT 组。

（7）STA 组。

（8）物理设计组。

（9）物理验证组。

在过去的十年里，ASIC 的复杂性已经达到几十亿个门，需要不同的团队在全球范围内协作完成这些阶段。而对于十亿门的 ASIC 设计，从设计说明到流片阶段，常常只需要数百名团队成员即可。

1.2 ASIC验证

为了在逻辑级别检查设计功能的正确性，需要在模块级和顶层进行验证。而对于复杂的 ASIC 设计，完成这一阶段工作需要数百名验证工程师。因此，这是一个耗时的阶段，占整个设计周期的 70% ~ 80%。

该阶段的流程一般是与 RTL 设计同时启动，其目标是在不考虑延迟的情况下检查设计功能的正确性，并实现期望的覆盖率目标。

为了验证设计的正确性，需要搭建测试平台。驱动器和激励产生器主要用来驱动设计需要驱动的一些信号，例如 clk、reset_n 和 data_in 等，但是这种方式只适合逻辑门数为中等规模的设计，对于众多复杂的 SoC，需要在模块级、顶层和芯片级进行相应的验证工作。

验证的大部分时间用于发现设计中的功能缺陷，并且通过使用 HVL 和具有自检查功能的层次化测试平台实现自动化，从而可以有效缩短验证时间。

验证的目的是实现指定的覆盖率，而像 SystemVerilog 这样受行业欢迎的 HVL 被广泛应用于覆盖率驱动的验证中。

复杂设计的 RTL 验证占据整个设计研制周期的 70% ~ 80%，为了实现覆盖率的目标，可以从以下几方面进行考虑。

（1）更好的验证计划：模块级、顶层和全芯片级的验证都需要有对应的验证计划。

（2）验证周期：验证工作与 RTL 设计同时启动，并且在验证的过程中使用黄金参考模型。

（3）测试用例：通过对模块级、顶层和芯片级设计功能的理解，记录所需要的测试用例并指定对应的测试计划，以实现指定的模块、顶层和芯片级的覆盖率目标。

（4）随机测试用例：创建测试用例并进行随机化测试，以实现对于模块级设计的验证。

（5）开发更好的测试平台架构：开发具有驱动器、监控器和记分板等组件的自动化分层测试平台架构。

（6）确定验证目标：在模块级和芯片级确定对应的覆盖率目标，例如功能覆盖率、代码覆盖率、翻转覆盖率和随机约束覆盖率等。

测试平台必须实现以下功能：

（1）产生需要的测试激励。

（2）将测试激励应用到 DUT（待测试设计）或者 DUV（待验证设计）上。

（3）能够捕获响应。

（4）能够检查功能的正确性。

（5）能够衡量总体验证目标的进展情况。

在随机化的同时，设计输入需要考虑如下事项：

（1）设备的配置信息。

（2）环境的配置信息。

（3）输入的数据流都有哪些，以及输入数据包的相关信息。

（4）都有哪些不同的协议，以及协议异常有哪些。

（5）都有哪些延迟和延迟方法。

（6）在哪里产生错误和违例信息。

层次化的验证架构如图 1.2 所示。

命令层：命令层包含的驱动器可以驱动命令给 DUT，监测器可以捕获监控信号的变化，并把这些变化按照命令格式进行分组，例如 AHB 的读写命令操作。另外，其中的断言同样也可以驱动 DUT。

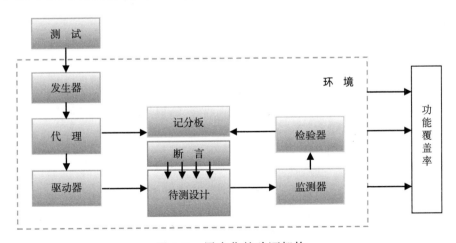

图 1.2　层次化的验证架构

功能层：命令层之上是功能层。在功能层，代理或者交换器将接收到的高层次事务级数据驱动给驱动器，例如 DMA 的读写操作，这些事务级的数据会被分解成多条命令驱动给驱动器。

记分板和检验器：这些命令被发送给预测事务结果的记分板，检验器负责比较检查来自记分板和监测器的命令。

考虑一个 H.264 的编码器，主要测试多帧处理、帧大小、帧类型等，这些参数都可以通过约束随机值来进行配置。这其实就是我们所说的创建场景验证特定的功能。

1.3 Verilog结构

Verilog 是过去 20 年非常流行且被广泛使用的硬件描述语言，这是因为该语言比较容易理解，并且其中的并发和顺序结构也很容易使用。这个语言的一大特点是其支持时间结构、时间的概念、可综合和非可综合的结构。

除上述之外，该语言还支持各种数据类型、标识符和编译命令，本节将讨论 Verilog-2005 的一些重要结构及其在设计过程中的应用。

1.3.1 并行赋值

Verilog 为连续赋值提供了强大的并发结构 "assign" 语句。

当 RHS 侧的临时变量或输入变量之一发生变化触发事件时，对应的多条赋值结构将同时执行，在 RHS 侧的表达式执行后其结果将赋值给输出或者 LHS 侧的变量，整个操作将发生在激活队列中。这里需要注意，其中的 "assign" 是连续赋值语句，它既不是阻塞赋值语句也不是非阻塞赋值语句。示例 1.1 代码综合的结果如图 1.3 所示，因为代码中连续赋值语句的并行执行，所以综合的结果中有 XOR 和 XNOR 逻辑门。

示例 1.1 SystemVerilog 描述的连续赋值语句

```
module Comb_design (
    input  wire a_in, b_in,
    output wire y1_out, y2_out
);
  assign y1_out = a_in ^ b_in;
```

```
    assign y2_out = a_in ~^ b_in;
endmodule
```

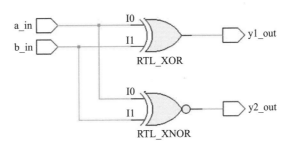

图 1.3 示例 1.1 的综合结果

1.3.2 过程块

Verilog 中的过程块有 "initial" 和 "always"。initial 过程块在仿真 0 时刻执行，主要用于验证，所以不会推断出任何逻辑。而 always 块主要用于组合逻辑和时序逻辑建模，本节将讨论这个过程块的一些使用场景（图 1.4）。

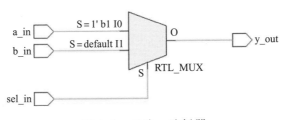

图 1.4 二选一选择器

示例 1.2 中使用的 always 块对输入 a_in、b_in 和 sel_in 敏感，当这些输入信号的任何一个发生变化时，这个过程块就会执行，从而可以推断出二选一选择器。代码中使用的赋值语句是阻塞赋值语句，在进行组合逻辑建模时建议采用阻塞赋值语句，综合结果如图 1.5 所示，这些赋值语句会在激活时间队列中被更新。

示例 1.2 二选一选择器的硬件描述

```
module mux_2to1 (
    input  wire a_in, b_in, sel_in,
    output reg  y_out
);
  always @* begin
    if (sel_in) y_out = b_in;
```

```
        else y_out = a_in;
    end
endmodule
```

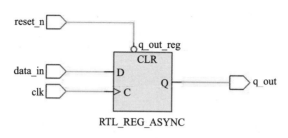

图 1.5 阻塞赋值语句的综合结果

下面的示例 1.3 使用了阻塞赋值语句（BA），示例 1.4 使用了非阻塞赋值语句（NBA）。

示例 1.3 阻塞赋值语句的硬件描述

```
module blocking_assignment (
    input  wire data_in, clk, reset_n,
    output reg  q_out
);
  reg tmp_1, tmp_2, tmp_3;
  always @(posedge clk or negedge reset_n) begin
    if (~reset_n) {tmp_1, tmp_2, tmp_3, q_out} = 4'b0000;
    else begin
      tmp_1 = data_in;
      tmp_2 = tmp_1;
      tmp_3 = tmp_2;
      q_out = tmp_3;
    end
  end
endmodule
```

正如示例 1.3 所描述的那样，阻塞赋值语句用于时序逻辑建模时，其本来期望的是可以推断出串行输入串行输出的移位寄存器，但是实际上推断出的是一个低电平复位的异步触发器。所以在进行时序设计建模时不建议使用阻塞赋值语句。阻塞赋值实际上就是在执行当前赋值时会阻止下一条赋值语句的执行。

非阻塞赋值语句（NBA）主要用于时序设计建模，NBA 赋值语句的更新操作发生在 NBA 事件队列中。这些赋值语句的执行不会阻塞下一条赋值语句的执行，所有的非阻塞赋值语句的执行是并行的。示例 1.4 描述的是一个移位寄存器，其对应的综合结果如图 1.6 所示。

示例 1.4 非阻塞赋值语句的硬件描述

```
module non_blocking_assignment (
    input wire data_in, clk, reset_n,
    output reg  q_out
);
  reg tmp_1, tmp_2, tmp_3;
  always @(posedge clk or negedge reset_n) begin
    if (~reset_n) {tmp_1, tmp_2, tmp_3, q_out} <= 4'b0000;
    else begin
      tmp_1 <= data_in;
      tmp_2 <= tmp_1;
      tmp_3 <= tmp_2;
      q_out <= tmp_3;
    end
  end
endmodule
```

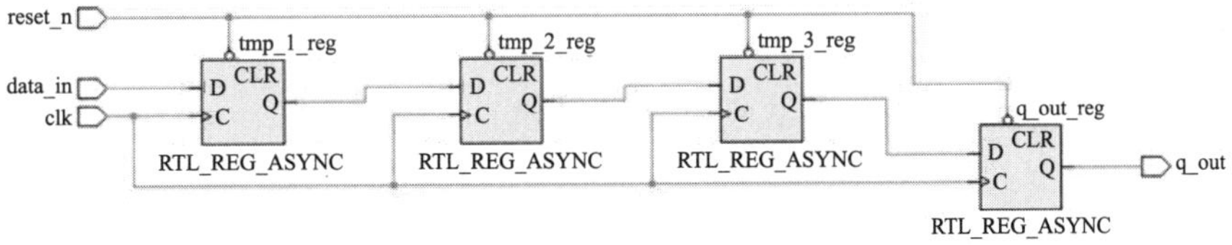

图 1.6 非阻塞赋值语句的综合结果

1.4 SystemVerilog简介

SystemVerilog 是 Verilog 的超集，具有更强大的设计和验证结构。当前最新的 SystemVerilog 版本是 IEEE1800-2017/February 22,2018，是一个可用于设计和验证的稳定版本。

SystemVerilog 相较于 Verilog 来说，在设计和验证方面增加了一些重要的功能，本节列出了这些增强的功能。

（1）支持面向对象语言 C++，所以也就支持封装、继承和多态。

（2）支持在设计中使用封装通信和协议检查的接口。

（3）是一种可用于设计、综合、仿真和形式化验证的统一语言。

（4）因为支持 program 和 clocking 块，所以支持避免竞争的测试程序。

（5）支持受约束随机数的产生。

（6）支持类似 C 语言的数据类型，例如 int。

（7）支持用户自定义的类型，即 C 语言中的 typedef、枚举类型、类型转换、结构体、联合体（共用体）、字符串、动态数组、列表。

（8）支持单元空间内声明的外部编译。

（9）支持赋值操作符，例如 ++，--，+= 等。

（10）支持在任务、函数和模块中通过引用传递信号。

（11）SystemVerilog 最有特色的地方是其中的旗语、信箱实现了进程间通信和同步等重要功能。

（12）支持直接程序访问接口（DPI），实现对于 C 和 C++ 函数的访问，还支持使用 Verilog PLI 实现 C 函数访问 Verilog 函数。

在早期版本中，该语言作为验证语言很受欢迎，而在当前，该语言具有强大的语言结构支持硬件描述和验证。也正是因为上述的增强功能和一些重要特性，该语言被广泛用于硬件描述、验证和仿真。

1.5　用于硬件描述和验证的SystemVerilog

正如前几节所述，SystemVerilog 广泛应用于设计、仿真和验证，表 1.1 列出了基于 FPGA 的设计和验证过程中经常使用到的重要结构，而关于这些结构及其在设计和验证过程中的使用将在后续章节中讨论。

表 1.1

结　构	说　明
assign	连续赋值语句，主要用于组合逻辑建模
always_comb	该过程块主要用于组合逻辑建模
always_latch	该过程块主要用于推断对于电平敏感的锁存器

结　构	说　明
always_ff	该过程块主要用于推断边沿触发的元件
initial	该过程块主要用于测试平台中，并且只执行一次

1.6　总结和展望

下面是对本章要点的总结：

（1）复杂 ASIC 的设计和验证占据了整个研制周期的 80%。

（2）ASIC 前端设计也称为逻辑设计，其重要阶段有设计规划、设计说明提取、架构设计、RTL 设计、RTL 验证、综合、DFV，以及布局布线前的 STA。

（3）ASIC 后端设计也称为物理设计，其重要阶段有布局、电源规划、CTS、布局布线、STA、物理验证、tapeout。

（4）当前 SystemVerilog 版本是 IEEE1800-2017/February 22,2018，是一个可用于设计和验证的稳定版本。

（5）SystemVerilog 是 Verilog 的一个超集，最早出现在 2002 年。

（6）SystemVerilog 被用于设计、仿真和形式验证中。

本章我们讨论了 SystemVerilog 的基本知识，下面章节将重点介绍 SystemVerilog 在设计和验证过程中使用的一些重要数据结构、常量和数据类型。

第2章 SystemVerilog中的常量和数据类型

SystemVerilog 支持的各种数据类型、常量

学习任何新的语言，最重要的是要理解这种语言所支持的结构和数据类型。SystemVerilog 是 Verilog 的超集，支持 C、Verilog-2001 和 Verilog-2005 中的常量和数据类型。本章将讨论可用于组合电路、时序电路建模以及验证的常量和数据类型，同时介绍在硬件设计时数据类型和常量的使用方式。

硬件设计描述和验证需要分别使用可综合的以及不可综合的结构，但是对任意一个设计进行建模或者搭建测试平台，我们都需要理解语言所支持的各种各样的常量和数据类型，下面的内容将帮助你理解常量、数据类型和预定义门在建模中的使用。

2.1 预定义门

SystemVerilog 中预定义的门主要有 AND、NAND、OR、NOR、XOR 和 XNOR。这些门的端口顺序是（输出，输入），所以当设计人员在模块中例化这些预定义门时，这些门的端口顺序就很重要。而设计声明的模块中，端口的顺序是由设计人员自己确定的。图 2.1 是示例 2.1 预定义门的综合结果。

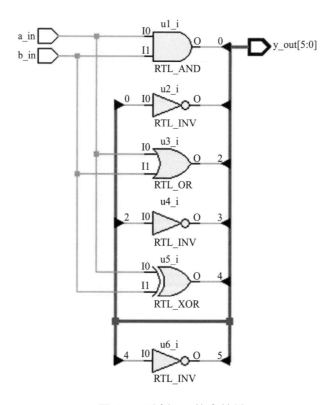

图 2.1 示例 2.1 综合结果

示例 2.1 预定义门

```
module predefined_gates (
    output logic [5:0] y_out,
    input a_in, b_in
);
  and u1 (y_out[0], a_in, b_in);
  nand u2 (y_out[1], a_in, b_in);
  or u3 (y_out[2], a_in, b_in);
  nor u4 (y_out[3], a_in, b_in);
  xor u5 (y_out[4], a_in, b_in);
  xnor u6 (y_out[5], a_in, b_in);
endmodule
```

2.2 结构级建模

图 2.2 使用预定义门构建了一个二选一选择器，示例 2.2 是对应预定义门描述的二选一选择器的硬件描述，图 2.3 是对应的综合结果。

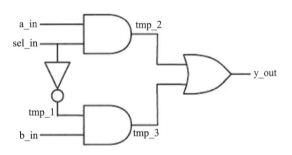

图 2.2 二选一选择器的内部结构

示例 2.2 结构级硬件描述

```
module structural_design (
    output y_out,
    input  sel_in, a_in, b_in
);
  logic tmp_1, tmp_2, tmp_3;
  and u1 (tmp_2, sel_in, a_in);
  and u2 (tmp_3, tmp_1, b_in);
```

```
    not u3 (tmp_1, sel_in);
    or u4 (y_out, tmp_2, tmp_3);
endmodule
```

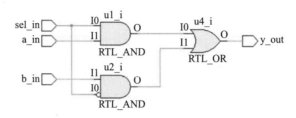

图2.3 示例2.2综合结果

2.3 SystemVerilog格式描述符

SystemVerilog 支持数字的多种表示格式，如表 2.1 所示，这些格式描述符将在本书中使用。

表2.1 格式描述符

格式描述符	说　明
%d	以十进制格式输出
%b	以二进制格式输出
%o	以八进制格式输出
%h	以十六进制格式输出
%c	以 ASCII 码格式输出
%t	以当前时间格式输出
%s	以字符串格式输出
%e	指数形式的实数
%f	以十进制格式输出实数
%g	以十进制数或者指数表示方式输出实数
%m	输出层次名
%v	输出线网类型变量的强度

表 2.2 是 SystemVerilog 支持的特殊字符。

表2.2 特殊字符

符　号	说　明
\n	换行
\t	制表符，相当于按一次 tab 键
\\	反斜杠字符
\"	双引号字符

符 号	说 明
%%	百分号 %
\abc	3 个八进制数代表的字符

2.4 多位宽常量和拼位操作

考虑下面代码，其中指定了多位宽的常量和拼位操作。

示例 2.3

```
// 指定 8 位宽线网类型 a_in,b_in,c_in
logic [7:0] a_in, b_in, c_in;
// 指定 8 位宽有符号线网类型
logic signed [7:0] d_in;
// 将二进制数 (1100) 赋值给线网
assign e_in = 4'b1100;
// 将十六进制数 (1110) 赋值给线网
assign f_in = 4'hE;
// 将十进制值 3 赋给线网, 其值等于二进制的 0011
assign g_in = 3;
// 将十进制值 -2 赋给线网, 其值等于二进制的 1100
assign h_in = -2;
// 选择 4 位二进制数的部分位 (10) 给 x_in
assign x_in = e_in[2:1];
// 拼接操作的结果是 1100_1110
assign y_in = {e_in, f_in};
```

2.5 常 量

SystemVerilog 支持整型、实型、时间、字符串、数组和结构体等常量，下面将针对这些常量给出简要说明和在设计中的使用示例。

2.5.1 整　型

SystemVerilog 支持前面带有撇号 (') 但不带数制格式说明符的无符号单位常量表示法,例如 '0, '1, 'X, 'x, 'Z, 'z,会将数值的所有位都置为对应的值。

2.5.2 实　型

对于小数格式和指数格式,默认类型是 real,例如:

```
real 2.4;
real 2.0e10;
```

还可以通过下例类型转换的方式,将 real 类型的值转化成 shortreal 类型:

```
shortreal'(2.4);
```

2.5.3 时　间

时间常以整数或定点格式表示,在表示时间时,数字和时间单位之间不带空格。表 2.3 给出了常用的时间单位及对应的使用说明。

表 2.3　时间单位

时间单位	说　明
fs	飞秒,10^{-15} 秒
ps	皮秒,10^{-12} 秒
ns	纳秒,10^{-9} 秒
us	微秒,10^{-6} 秒
ms	毫秒,10^{-3} 秒
s	秒
step	最小时间精度单位

下面给出的示例中指定了时间单位和时间精度。

```
timeunit 1ns;    //时间单位是 1ns
timeprecision 10ps;   //时间精度是 10ps
```

这里需要注意的是,时间常量表示的时候会按照当前的时间单位进行缩放并按照时间精度进行四舍五入。如果时间常量作为模块或接口实参,则以当前模块或者接口的时间单位和时间精度进行处理。

2.5.4 字符串常量

字符串常用引号括起来，并且有自己的数据类型。非打印字符和其他特殊字符前面一般需要加反斜杠，SystemVerilog 中增加了表 2.4 所示的特殊字符串。

表 2.4 特殊字符串

特殊字符串	说 明
\v	纵向制表符
\f	换页符
\a	响铃符
\x02	十六进制数字

字符串常量必须位于同一行，如果字符串要换行，需要在行尾加上一个反斜杠，每一行的字符串常量的长度目前没有限制。

与 Verilog-2001 中描述的一样，字符串常量可以赋值给整型常量，如果它们的大小不同，则会按照右对齐的方式进行赋值转换。

```
byte c1 = "A";
bit [7:0] d = "\n";
bit [0:11][7:0] c2 = "The test file is\n";
```

字符串常量可以赋给非压缩的字节数组，如果它们的大小不同，将会按照左对齐的方式进行赋值转换。

```
byte c3[0:12] = "The FIFO write status is\n";
```

SystemVerilog 中包含了一个 string 数据类型，可以将字符串常量直接赋给 string 类型的变量。string 类型的变量具有任意的长度，其大小由其中保存的字符串长度决定。字符串常量是压缩数组（其宽度是 8 的倍数），当赋给一个 string 类型或者用在一个包含 string 类型操作数的表达式时，它们会隐式地转换为字符串类型。

2.5.5 数组常量

数组常量有着与 C 语言类似的初始化，但是这里是允许使用重复操作符（{{}}）的。

```
int n[1:2][1:3] = '{'{0, 1, 2}, '{3{4}}};
```

这里需要注意，与 C 语言不同的是，大括号的嵌套必须要与数组维数匹配。尽管如此，重复操作符仍然是可以嵌套使用的，但是在使用时需要注意，因为重复操作符只能在一个维度内进行操作，所以下面示例中位于重复操作符内层的大括号需要省略掉。

```
int n[1:2][1:6] = '{2{'{3{4, 5}}}};  // 相当于 '{'{4,5,4,5,
                                           4,5}','{4,5,4,5,4,5}}
int n[1:2][1:6] = '{2{'{3{{4, 5}}}}};  // 错误
```

如果要在重复操作符内层使用大括号，那么需要指明内层大括号所包括常量的位宽，如下所示：

```
int n[1:2][1:3] = '{2{'{3{{3'b100,3'b101}}}}};
                            // 相当于 '{'{37,37,37}','{37,37,37}}
```

如果当前上下文没有指定数据类型，那么就必须使用类型转换指定。

```
typedef int triple[1:3];
$ mydisplay(triple'{0,1,2});
```

数组常量也可以使用它们的索引、类型或者使用 default 作为键进行赋值。

```
b={1:1,default:0};// 索引 2 和 3 对应的元素赋值为 0
```

2.5.6　结构体常量

结构体常量与 C 语言中的结构体初始化很类似。结构体常量必须要有对应的类型，这个类型来自于上下文或者强制类型转换。

```
typedef struct {
  int a;
  shortrealb;
} ab;
ab c;
c = {0, 0.0};// 结构体常量的类型由表达式左侧 c 的类型决定
```

嵌套的大括号必须要能够表征当前的结构体，例如：

```
ab abarr[1:0] = {{1, 1.0}, {2, 2.0}};
```

这里需要注意，c 的值不允许为 {1，1.0，2，2.0}。

结构体常量可以通过数据成员、数值或者数据类型默认值的方式对对应结构体成员进行赋值。

```
c={a:0,b:0.0};// 通过成员名和值对成员赋值
c={default:0};// 所有结构体中的元素都赋值为 0
d=ab'{int:1,shortreal:1.0};// 采用数据类型和默认值的方式对对应类型的
                                                   所有元素赋值
```

结构体数组在进行初始化时，使用的嵌套大括号需要能够反映出当前结构体数组的层次结构，例如：

```
ab abarr[1:0] = {{1, 1.0}, {2, 2.0}};
```

重复操作符可用于给多个成员指定数值，重复操作符最内层的大括号对是删除的。

```
struct {int X, Y, Z;} XYZ = {3{1}};
typedef struct {int a, b[4];} ab_t;
int a, b, c;
ab_t v1[1:0][2:0];


v1 = {2{{3{a, {2{b, c}}}}}};
/* 可展开为 {{3{{a,{2{b,c}}}}},{3{{a,{2{b,c}}}}}}*/
/* 可展开为 {{{a,{2{b,c}}},{a,{2{b,c}}},{a,{2{b,c}}}},
{{a,{2{b,c}}},{a,{2{b,c}}},{a,{2{b,c}}}}}*/
/* 可展开为 {{{a,{b,c,b,c}},{a,{b,c,b,c}},{a,{b,c,b,c}}},
{{a,{b,c,b,c}},{a,{b,c,b,c}},{a,{b,c,b,c}}}}*/
```

2.6 数据类型

SystemVerilog 支持多种数据类型，例如整型、双状态数据类型、四状态数据类型、有符号数和无符号数、实型数据类型、shortreal 数据类型、chandle 数据类型、字符串数据类型、事件数据类型和自定义类型。本节我们将讨论这些数据类型以及它们的用法。

2.6.1 整型数据类型

SystemVerilog 包含了多种整型数据类型，如表 2.5 所示，其中融合了 Verilog-2001 和 C 语言中的多种数据类型。

表 2.5 SystemVerilog 数据类型

shortint	双状态 SystemVerilog 数据类型，16 位有符号整数
int	双状态 SystemVerilog 数据类型，32 位有符号整数
longint	双状态 SystemVerilog 数据类型，64 位有符号整数
byte	双状态 SystemVerilog 数据类型，8 位有符号整数或者 ASCII 字符
bit	双状态 SystemVerilog 数据类型，可自定义向量宽度
logic	四状态 SystemVerilog 数据类型，可自定义向量宽度
reg	四状态 Verilog-2001 数据类型，可自定义向量宽度
integer	四状态 Verilog-2001 数据类型，32 位有符号整数
time	四状态 Verilog-2001 数据类型，64 位有符号整数

2.6.2 双状态和四状态数据类型

双状态数据类型也称为二值数据类型，四状态数据类型也称为四值数据类型。双状态数据类型 bit 和 int 都没有不定态，但是四状态数据类型有不定态和高阻态。logic、reg、integer 和 time 都是四状态数据类型，它们可以表示的数值有 "0"，"1"，"X"，"Z"。在绝大多数时候，设计人员为了满足更快的仿真需求，会使用双状态数据类型。

数据类型中的 int 和 integer 的区别实际上就是双状态逻辑和四状态逻辑的区别。

2.6.3 有符号数和无符号数

在进行整数算术运算时，需要使用有符号数和无符号数。常用的有符号数有 byte、shortint、int、integer、longint、reg 和 logic。例如：

```
int unsigned num_1;
int signed num_2;
```

2.6.4 实型数据类型和shortreal数据类型

实型数据类型来自于 Verilog-2001，类似于 C 语言中的 double 类型，而 SystemVerilog 引入的 shortreal 类似于 C 语言中的 float 类型。

2.6.5 chandle数据类型

chandle 数据类型表示使用 DPI（直接编程接口）传递的指针的存储空间，其语法格式如下：

```
chandle variable_name;
```

可用于 chandle 类型变量的操作符有相等（==）、不等（!=）、全等（===）、非全等（!==）。

chandle 可赋值为另一个 chandle 变量或者 null。

chandle 可以作为一个布尔值进行检测，如果 chandle 变量为 null，则为 0，否则为 1。

chandle 的用法如下：

（1）chandle 变量可以插入关联数组中。

（2）可用在 class 中。

（3）可作为参数传递给函数或者任务。

（4）可作为函数的返回值。

chandle 有一定的局限性：

（1）不能赋值给其他类型的变量。

（2）不能作为端口。

（3）不能用在敏感列表或者事件表达式中。

（4）不能用于联合体（共用体）或者压缩数据类型中。

（5）不能用于连续赋值语句中。

2.6.6 字符串数据类型

SystemVerilog 支持字符串数据类型，字符串数据类型是一个大小可变和动态分配的字节数组。Verilog 中，在语法上支持字符串常量；而 SystemVerilog 中，字符串常量与 Verilog 中是一样的，真正增强的是增加了可以将字符常量赋值给字符串数据类型的特性。字符串变量的索引范围为 0 到 N-1，其中 N-1 表示这个字符串数组的最后一个元素。

其语法声明格式如下：

```
string variable_name [= initial_value]
```

这里 variable_name 是一个标识符，initial_value 是可选的，用来初始化字符串变量，如果不指定，那么该字符串变量的值是一个空字符串。例如：

```
string myclass = "class of the bytes";
```

如果 `initial_value` 不指定，那么变量将会被初始化为"空字符串"。用于字符串类型的操作符如表 2.6 所示。

表 2.6 字符串操作符

操作符	说 明
str1==str2	相等操作符，如果两个字符串相等则返回 1，否则返回 0
str1!=str2	不相等操作符，如果两个字符串不相等则返回 1，否则返回 0
str1<str2	小于操作符，如果对应条件为 true（真）则返回 1，如为 false（假）则返回 0
str1<=str2	小于等于操作符，如果对应条件为 true（真）则返回 1，如为 false（假）则返回 0
str1>str2	大于操作符，如果对应条件为 true（真）则返回 1，如为 false（假）则返回 0
str1>=str2	大于等于操作符，如果对应条件为 true（真）则返回 1，如为 false（假）则返回 0
{str1,str2,...,strn}	串联操作符，所有字符串都将拼接在一起构成一个字符串
{multiplier{str}}	重复操作符，将字符串复制 multiplier 次，并拼接在一起
str[index]	索引操作符，返回一个字节，它是给定索引处的 ASCII 代码。如果给定索引超出范围，则返回 0
str.medhod(...)	点号操作符，用于调用特定的字符串方法

如表 2.7 所示，SystemVerilog 支持很多字符串类型特有的方法。

表 2.7 字符串特有的方法

字符串特有的方法	说 明
len()	function int len()。str.len() 返回字符串的长度，即字符串中不包括终止字符的字符数
putc()	task putc(int j,string s) task putc(int j,byte c) str.putc(j,c) 将字符串中第 j 个位置的字符替换为指定的数值 c str.putc(j,s) 将字符串中第 j 个位置的字符替换为指定字符串 s 的第一个字符
getc()	function int getc(int j) 返回第 j 个字符的 ASCII 码，例如 str.getc(j)
toupper()	function string toupper() 用于返回字符串，其中的字符都转换成大写
tolower()	function string tolower() 用于返回字符串，其中的字符都转换成小写
compare()	function int compare(string s)。str.compare(s) 比较字符串 str 和 s，其中空字节也包含在内
icompare()	function int icompare(string s)。str.icompare(s) 比较字符串 str 和 s，但比较是区分大小写的，并且包含嵌入的空字节
substr()	functionstring substr(int I, int j)。str.substr(i,j) 返回新字符串，该字符串是由 str 的位置 i 到 j 中的字符组成的子字符串
atoi()	function integer atoi()。用于返回整数值，该整数值为 str 对应的 ASCII 表示的十进制数
atohex()	function integer atohex()。atohex() 将字符串表示为十六进制
atooct()	function integer atooct()。atooct() 将字符串表示为八进制
atobin()	function integer atobin()。atobin() 将字符串表示为二进制

字符串持有的方法	说　明
atoreal()	function real atoreal()。用于返回实数，该数值为 str 对应的 ASCII 表示的十进制实数
itoa()	task itoa(integer i)。str.itoa(i) 将 i 的 ASCII 码十进制表示存储到 str 中
hextoa()	task hextoa(integer i)。str.hextoa(i) 将 i 的 ASCII 码十六进制表示存储到 str 中
octtoa()	task octtoa(integer i)。str.octtoa(i) 将 i 的 ASCII 码八进制表示存储到 str 中
bintoa()	task bintoa(integer i)。str.bintoa(i) 将 i 的 ASCII 码二进制表示存储到 str 中
realtoa()	task realtoa(integer i)。str.realtoa(i) 将 i 的 ASCII 码实数表示存储到 str 中

2.6.7　事件数据类型

事件数据类型是对 Verilog 命名的事件类型的增强。SystemVerilog 中的事件是一个指向同步对象的句柄，下面是声明事件的语法格式：

```
event variable_name[=initial_value];
```

例如：

```
event ready;   //声明事件
event ready_sig = ready;   //声明事件 ready_sig，并将事件 ready 赋给它
event empty = null;   //没有指向同步对象的事件变量
```

2.6.8　自定义类型

SystemVerilog 增加了一个强大的功能，就是类似于 C 语言，用户可以使用 typedef 自定义类型。

```
typedef int intP;
```

完成定义之后，就可以按照如下方式使用：

```
intP a, b;
```

自定义类型可以在定义之前使用，但是需要提供一个空的 typedef，表示该类型是一个自定义类型：

```
typedef fun;
fun f1 = 1;
typedef int fun;
```

这里需要注意，枚举类型不能这样使用，自定义枚举类型使用前必须先定义。

2.7　总结和展望

下面是对本章要点的总结：

（1）预定义门有 AND、NAND、OR、NOR、XOR、XNOR。

（2）使用预定义门进行结构级建模。

（3）双状态数据类型也称为二值数据类型，四状态数据类型也称为四值数据类型。

（4）logic、reg、integer 和 time 都是四状态数据类型，它们可以表示的值为 "0"，"1"，"X"，"Z"。

（5）整型或者浮点型的时间，其后有时间单位时，它们之间没有空格。

（6）chandle 数据类型表示使用 DPI 传递的指针的存储空间。

（7）SystemVerilog 中提供了多种整型数据类型，其中融合了 Verilog-2001 和 C 语言中的多种数据类型。

本章我们讨论了 SystemVerilog 常量值和数据类型，下一章我们将主要关注 SystemVerilog 中用于设计和验证的操作符与结构。

第 3 章 SystemVerilog的硬件描述

作为 Verilog 超集的 SystemVerilog 用于设计和验证

在进行设计和验证时，我们会用到各种数据类型、操作符和结构。正如前面章节提到的那样，SystemVerilog 具有功能强大的结构用于设计、仿真和形式验证。在这样的背景下，本章主要讨论 SystemVerilog 在设计和验证方面的基础知识。

本章讨论的 SystemVerilog 的基础知识主要有 assign 连续赋值语句、过程块（always_comb、always_latch 和 always_ff 等）、算术和逻辑操作符、数据类型。同时，还将讨论逻辑门建模、加法器、减法器和编码转换器等示例。

3.1 如何开始学习

首先，我们需要理解 SystemVerilog 作为硬件描述语言的基础知识。正如我们知道的，VHDL 和 Verilog 因为它们强大的结构特点，在过去二十年是主流的硬件描述语言，而 Verilog 因为其与 C 语言结构类似，在全球范围变得更加流行。

那么，我们在学习一种语言时，需要了解语言的什么呢？这可能是很多读者想到的第一个问题！本章将会回答该问题。

每一种 HDL 语言都有用于硬件设计的可综合结构和用于仿真或者验证的非可综合结构。

正如第 1 章讨论的那样，SystemVerilog 作为 Verilog 的超集，除了支持面向对象编程结构外，还提供了很多其他功能，例如算术操作符、按位操作符、逻辑操作符、缩减操作符、移位操作符和很多其他不同的数据类型。本章的主要目标就是讨论这些操作符以及过程块在硬件设计中的使用。

除此之外，本章还会讨论一些功能强大的结构：

（1）端口直接连接。

（2）端口隐式连接。

（3）wire、reg 和 logic 的使用。

（4）initial 和 always 过程块的使用。

（5）if-else、case、casex、casez 和 unique 等顺序结构。

（6）数组、结构体、共用体。

（7）枚举类型。

正是因为上述这些结构，使 SystemVerilog 成为一种广泛用于硬件设计和验证的强大语言。针对这些结构特点，我们将在本章进行详细讨论。

3.1.1 数字和常量

SystemVerilog 中支持数字的各种表示方式，例如十进制、二进制和十六进制。SystemVerilog 也支持通过 {} 拼接多个字符。在进行参数化 RTL 设计时，我们会经常使用参数，参数在声明的时候要使用关键字 parameter 进行声明。表 3.1 中展示了数字的表示、参数声明和拼接操作。

表 3.1 数字和常量

4' b1110	14 的二进制表示
4' he	14 的十六进制表示
4' d14	14 的十进制表示
{2' b10,2' b11}=4' b1011	使用 {} 进行拼接
parameter state=2' b10	使用 parameter 声明常量

3.1.2 操作符

SystemVerilog 是 Verilog 的超集，支持各种运算符，如算术操作符、移位操作符、关系操作符、按位操作符、逻辑缩减操作符等。在本书中，这些操作符将用于硬件描述和验证。

1. 算术操作符

加法、减法、乘法、除法、求模等算术操作符被广泛用于二进制运算中。例如在由算术逻辑单元（ALU）组成的 16 位处理器的设计中，RTL 设计者描述该设计能够实现算术和逻辑指令的功能，在这种情况下，我们大多会使用表 3.2 中列出的操作符来实现算术运算。

表 3.2 算术操作符

+	加法操作符
−	减法操作符
*	乘法操作符
/	除法操作符
%	求模操作符

2. 移位操作符

移位操作符（表 3.3）可用于向左 (<<) 或向右 (>>) 移位。假如我们有 16 位的数据流，我们希望在设计的输出端实现右移、左移或旋转，那么这时就可以考虑使用移位操作符。

表 3.3　移位操作符

<<	左移
>>	右移

例如，我们要实现一个数乘以 2 或者 2^n，这时就可以使用左移操作符来实现，并且可以结合字符拼接或者其他控制来保存所需的结果。

同理，如果我们要实现一个数除以 2 或者 2^n，我们就可以使用右移操作符来实现。

3. 相等操作符和关系操作符

在开发算法或者设计比较器时，经常需要对数据字符进行比较，对于这样的设计需求，相等操作符和关系操作符中的小于、大于、小于等于、大于等于等操作符就会被用到，而这些操作符在综合或者 RTL 设计调整的过程中，一般都会被推断为占较大面积的比较器，为此在设计时会同时使用一些面积优化的技术。表 3.4 描述了这些操作符，它们也将在本书中用到。

4. 按位操作符

这些操作符用于对大数据字符进行按位操作，在使用时，实现逐位 AND、OR、NOT、XOR 和 XNOR 之类的操作。

如果我们要实现一个 16 位的 ALU 设计，那么表 3.5 中描述的这些操作符就可用于逻辑指令的设计。

表 3.4　相等操作符和关系操作符

==	逻辑相等
!=	逻辑不等
<	小于
<=	小于等于
>	大于
>=	大于等于

表 3.5　按位操作符

&	按位与
|	按位或
~	按位取反
^	按位异或
~^,^~	按位同或

5. 逻辑操作符

要实现对字符的逻辑与、逻辑或、逻辑非等操作，可以使用表 3.6 中列出的逻辑操作符，这些操作符操作后产生的结果为真（"1"）或假（"0"）。

表 3.6　逻辑操作符

&&	逻辑与
||	逻辑或
!	逻辑非

6. 缩减操作符

缩减操作符是 SystemVerilog 和 Verilog 的特色之一。通过该操作符可以实现对操作数的单比特输出。假设要进行 16 位的缩减操作，通过该操作后将产生单比特输出。表 3.7 给出了在下面章节中我们会用到的一些缩减操作符，除了表中列出的操作符，读者还可以使用 ~& 操作符实现与非操作，使用 ~| 实现或非操作，使用 ~^ 或者 ^~ 实现同或操作等。

表 3.7　缩减操作符

&a_in	对于 4 位宽的 a_in，该操作符等价于 a_in[3]&a_in[2]&a_in[1]&a_in[0]
|a_in	对于 4 位宽的 a_in，该操作符等价于 a_in[3]|a_in[2]|a_in[1]|a_in[0]
^a_in	对于 4 位宽的 a_in，该操作符等价于 a_in[3]^a_in[2]^a_in[1]^a_in[0]

3.2　线网数据类型

在 Verilog 中，线网数据类型声明时使用关键字 wire。我们大多数人都熟悉 Verilog 结构及其用法，在使用 assign 进行组合逻辑建模时，对应的线网数据类型就是 wire，并且在默认的情况下，模块的输入输出端口都是 wire 类型。

如果我们使用过程块对组合逻辑电路或者时序逻辑电路进行建模，那么此时的数据类型就要使用 reg。表 3.8 给出了数据类型的使用示例，并且在后续的章节中，我们会在硬件电路的描述中用到这些数据类型。

表 3.8　线网数据类型

wire [3:0] data_bus;	4 位宽线网
reg [3:0] data_bus;	4 位宽线网数据类型
reg [3:0] memory[0:15];	16 个元素的存储体，每个元素 4 位宽
logic [3:0] data_bus;	在 SystemVerilog 中，logic 可以用来替换掉 reg 或者 wire，是否用在 always_ff 或者 always_comb 中决定了该类型是 reg 还是 wire

在 Verilog 中，wire 和 reg 比较相似（使用时需要注意 wire 主要用于连续赋值语句，而 reg 主要用于过程语句块中），而作为 Verilog 超集的 SystemVerilog 又增加了一种新的数据类型 logic。

在连续赋值语句和过程语句块中，其中的输出可以声明为 logic 数据类型。

示例 3.1 是在连续赋值语句和过程赋值语句中使用 logic 数据类型。

示例 3.1 使用 logic 的硬件描述

```
module seq_design (
    input  wire  a_in, b_in, clk, reset_n,
    output logic y1_out, y2_out
);
  assign y1_out = a_in ^ b_in;
  always_ff @(posedge clk, negedge reset_n) begin
    if (~reset_n) y2_out <= '0;
    else y2_out <= a_in & b_in;
  end
endmodule
```

图 3.1 是推断出来的逻辑电路，其中包含了组合逻辑输出 y1_out 和时序逻辑输出 y2_out。

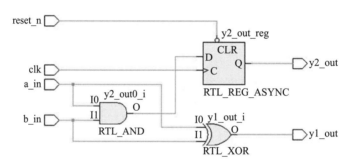

图 3.1 示例 3.1 综合结果

3.3 让我们开始思考组合逻辑电路

3.3.1 连续赋值

使用 assign 构造的连续赋值语句既不是阻塞赋值语句也不是非阻塞赋值语句，当连续赋值语句的输入或者其中一些中间线网发生变化时，连续赋值操作就会立即发生，这个赋值操作发生在激活事件队列中，要了解更多这方面的内容，可以参考本书第 13 章讨论的 SystemVerilog 事件队列。

使用连续赋值语句可以进行组合逻辑建模和设计，示例 3.2 是采用连续赋值语句实现的组合逻辑电路，图 3.2 是对应的综合结果，图 3.3 是该电路对应的仿真结果，示例 3.3 是组合逻辑电路的测试平台。

示例 3.2 使用连续赋值语句的硬件描述

```
module Comb_design(
    input wire a_in,b_in,
    output wire y1_out,y2_out
);
assign #2ns y1_out=a_in^b_in;
assign #3ns y2_out=a_in~^b_in;
endmodule
```

综合指南：使用连续赋值语句将会综合出组合逻辑电路，连续赋值语句既不是阻塞赋值语句也不是连续赋值语句，但它们同时执行。

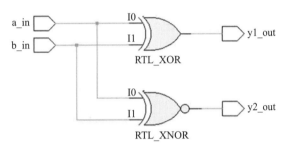

图 3.2 组合逻辑电路的综合结果

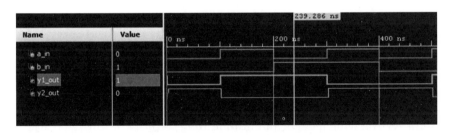

图 3.3 示例 3.2 的仿真波形

示例 3.3 组合逻辑电路的测试平台

```
// 对 a_in 和 b_in 施加激励
module test_comb_design ();
  reg   a_in;
  reg   b_in;
  wire  y1_out;
  wire  y2_out;

  comb_design DUT (
```

```
        .a_in  (a_in),
        .b_in  (b_in),
        .y1_out(y1_out),
        .y2_out(y2_out)
    );

    always #100 a_in = ~a_in;
    always #200 b_in = ~b_in;

    initial begin
      a_in = '0;
      b_in = '0;
    end
endmodule
```

示例 3.4 是使用缩减异或操作符对输入数据流校验码进行检查的设计。

示例 3.4 使用缩减操作符实现的校验码检查器

```
module parity_checker (
    input wire [15:0] data_in,
    output logic parity_out
);
  assign parity_out = ^data_in;
endmodule : parity_checker
```

SystemVerilog 对于语句块和 endmodule 名都进行了增强，我们也将在后续的章节中进行讨论。

再来看下示例 3.4 对于校验码的检验，如果校验码中"1"的个数为偶数个，那么 parity_out 输出为 0，反之 parity_out 输出为 1。

图 3.4 是使用缩减异或操作符综合后得到的级联异或门电路图。

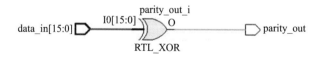

图 3.4 缩减异或操作综合结果

3.3.2 过程语句块always_comb

SystemVerilog 提供了用于描述组合逻辑电路的功能强大的 always_comb 语句块，在组合逻辑电路中，输出是当前输入的函数。示例 3.5 是使用 SystemVerilog 中的 always_comb 过程块描述的并发结构。

示例 3.5 always_comb 描述的硬件设计

```
module comb_design (
    input a_in, b_in,
    output reg [7:0] y_out
);
  always_comb begin
    y_out[0] = ~(a_in);
    y_out[1] = (a_in | b_in);
    y_out[2] = ~(a_in | b_in);
    y_out[3] = (a_in & b_in);
    y_out[4] = ~(a_in & b_in);
    y_out[5] = (a_in ^ b_in);
    y_out[6] = ~(a_in ^ b_in);
    y_out[7] = (a_in);
  end
endmodule
```

SystemVerilog 的优点在于，它在使用 always_comb 时不需要指定敏感信号列表。可能我们会考虑使用 Verilog 中的 always@*，它会对过程块的所有输入和临时变量都很敏感，从而导致当输入或者临时变量上有任何事件触发时，该过程块都会被调用，这样将会给仿真器增加额外的性能开销，因为仿真器需要额外的时间去捕获这些事件的触发。

但是如果我们使用 SystemVerilog 提供的 always_comb 结构进行组合逻辑建模，就可以有效避免仿真器的额外开销，这主要是因为对于该结构，仿真器允许在仿真期间捕获所需的输入和临时变量。

就综合而言，图 3.5 是该过程块综合出的组合逻辑电路图，其中输出是当前输入的函数。

综合指南：使用 always_comb 结构会综合出组合逻辑电路。

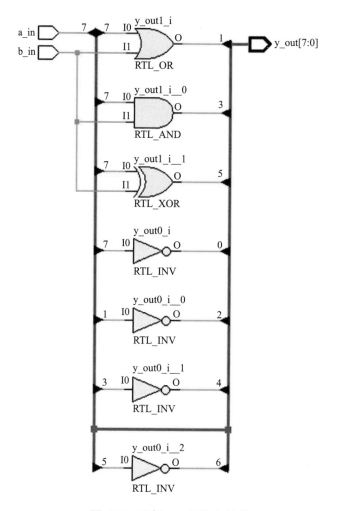

图 3.5 示例 3.5 的综合结果

3.4 使用always_comb实现编码转换器

在多时钟域的设计中,会经常用到格雷码指针。当我们的设计中有多位二进制数据输入,但只允许指针每次变化只改变一位时,就可以将其中的二进制数据转换成格雷码。

示例 3.6 实现了将 4 位二进制数据转化成格雷码的转换器,表 3.9 给出了二进制数据和格雷码之间的对应关系。

示例 3.6 4 位二进制数据转换成格雷码的硬件描述

```
module binary_to_gray (
```

```
    input [3:0] binary_data,
    output reg [3:0] gray_data
);
  always_comb begin
    gray_data[3] = binary_data[3];
    gray_data[2] = binary_data[3] ^ binary_data[2];
    gray_data[1] = binary_data[2] ^ binary_data[1];
    gray_data[0] = binary_data[1] ^ binary_data[0];
  end
endmodule
```

表 3.9　4 位二进制数据和对应的格雷码

4 位二进制数据	4 位格雷码
0000	0000
0001	0001
0010	0011
0011	0010
0100	0110
0101	0111
0110	0101
0111	0100
1000	1100
1001	1101
1010	1111
1011	1110
1100	1010
1101	1011
1110	1001
1111	1000

3.4.1　二进制码/格雷码转换器

正如大家看到的那样，4 位二进制数据转换成 4 位格雷码的代码中使用了 always_comb 过程块。在格雷码中，两个连续的格雷码只有一位的变化，因此格雷码也常被称为单一循环码，并且常被用于错误检测和多时钟域设计中。

从上述代码我们可以清楚看到，输出的格雷码数据实际上是输入二进制码的函数。

```
gray_data[3] = binary_data[3]
```

```
gray_data[2] = xor(binary_data[3],binary_data[2])
gray_data[1] = xor(binary_data[2],binary_data[1])
gray_data[0] = xor(binary_data[1],binary_data[0])
```

图 3.6 是对应代码综合的结果，其中使用了三个 XOR 门。

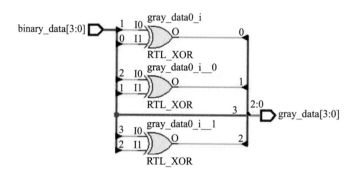

图 3.6 4 位二进制码 / 格雷码转换器综合结果

3.4.2 格雷码/二进制码转换器

示例 3.7 是使用 always_comb 实现的 4 位格雷码 / 二进制码转换器，其对应的综合结果如图 3.7 所示。

示例 3.7 4 位格雷码 / 二进制码转换器的硬件实现

```
module gray_to_binary (
    input [3:0] gray_data,
    output reg [3:0] binary_data
);
  always_comb begin
    binary_data[3] = gray_data[3];
    binary_data[2] = gray_data[3] ^ gray_data[2];
    binary_data[1] = (gray_data[3] ^ gray_data[2]) ^ gray_data[1];
    binary_data[0] = (gray_data[3] ^ gray_data[2] ^  gray_data[1])
                     ^ gray_data[0];
  end
endmodule
```

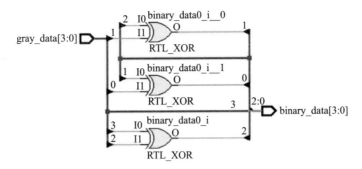

图 3.7 4位格雷码/二进制码转换器综合结果

3.5 理解硬件执行的并发性

在进行硬件设计时，很重要的一点是要理解硬件执行的并发性或者说并行性。而 SystemVerilog 一个很重要的特点就是其提供了多种并发执行的结构。例如，我们在代码中使用的多个 assign 结构和过程块，它们是并发执行的。

示例 3.8 是并发执行的硬件描述，图 3.8 是并行结构综合后的并行输出。

示例 3.8 并发执行的硬件描述

```
module comparator_16_bit (
    input logic [15:0] a_in, b_in,
    output bit g_t_out, e_t_out, l_t_out
);
    // 输出位宽都是单比特
    // 当 a_in 大于 b_in 时, g_t_out 为高
    // 当 a_in 等于 b_in 时, e_t_out 为高
    // 当 a_in 小于 b_in 时, l_t_out 为高
    always_comb begin : a_in_greater_b_in
      if (a_in > b_in) g_t_out = 'b1;
      else g_t_out = 'b0;
    end : a_in_greater_b_in
    // 监测相等的连续赋值语句
    assign e_t_out = (a_in == b_in);
    // 监测小于的连续赋值语句
    assign l_t_out = (a_in < b_in);
endmodule : comparator_16_bit
```

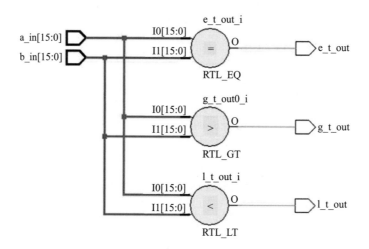

图 3.8 示例 3.8 的综合结果

3.6 always_latch过程块

SystemVerilog 中的过程块 always_comb、always_latch 和 always_ff 主要用于组合逻辑和时序逻辑设计。其中 always_comb 用于组合逻辑建模，always_ff 和 always_latch 主要用于时序逻辑设计。

过程块 always_latch 主要用于建模锁存器，示例 3.9 是使用 SystemVerilog 描述的 8 位锁存器，图 3.9 是对应的综合结果。

示例 3.9 8 位锁存器的 RTL 代码

```
module latch_8bit (
    input latch_en,
    input [7:0] data_in,
    output reg [7:0] data_in,
    output reg [7:0] data_out
);
  always_latch begin
    if (latch_en) data_out <= data_in;
  end
endmodule
```

综合指南：使用 always_latch 用于推断出锁存器。

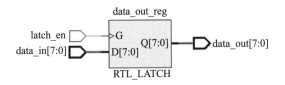

图 3.9 8 位锁存器综合结果

3.7 always_ff过程块

过程块 always_ff 主要用于时序逻辑建模，示例 3.10 是使用 SystemVerilog 描述的 8 位寄存器，其对应的综合结果如图 3.10 所示。

示例 3.10 8 位寄存器的硬件描述

```
module register_8bit (
    input clk,
    input reset_n,
    input [7:0] data_in,
    output reg [7:0] data_out
);
  always_ff @(posedge clk or negedge reset_n) begin
    if (~reset_n) data_out <= 8'd0;
    else data_out <= data_in;
  end
endmodule
```

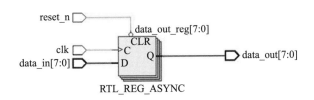

图 3.10 示例 3.10 对应的综合结果

3.8 使用always_ff实现时序逻辑设计

图 3.11 是一个具有四条指令的时钟逻辑单元，具体指令说明见表 3.10，该逻辑单元对应的设计代码如示例 3.11 所示。

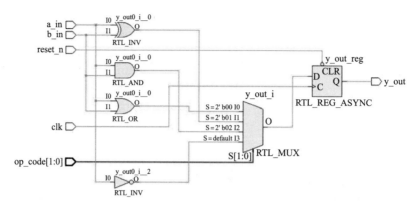

图 3.11　逻辑单元综合结果

表 3.10　时钟逻辑单元

操作码（op_code）	实现的操作
00	OR(a_in,b_in)
01	XOR(a_in,b_in)
10	AND(a_in,b_in)
11	NOT(a_in)

示例 3.11　使用 always_ff 实现的时序逻辑设计

```
module alu (
    input clk,
    input reset_n,
    input a_in, b_in,
    input [1:0] op_code,
    output logic y_out
);
  always_ff @(posedge clk or negedge reset_n)
    if (~reset_n) y_out <= 'b0;
    else
      case (op_code)
        2'b00:   y_out <= a_in | b_in;
        2'b01:   y_out <= a_in ^ b_in;
        2'b10:   y_out <= a_in & b_in;
        default: y_out <= ^a_in;
      endcase
endmodule
```

综合指南：使用 always_ff 用于推断出寄存器。

3.9　按照端口名进行实例化连接（Verilog风格）

在 SystemVerilog 中，模块实例化时支持采用按照端口名连接的方式，也支持混合端口连接方式。

如果按照端口名进行实例化连接，那么实例化设计中所有模块将会比较耗费时间。如果我们要实例化数百个模块，那么这种实例化的效率不高，并且比较耗费时间。

在示例 3.12 的层次化设计中，模块实例化连接时采用了 Verilog 中的按照端口名实例化连接的方式，具体连接情况如图 3.12 所示。

示例 3.12　按照 Verilog 端口名实例化连接方式进行连接的硬件设计

```
module hierarchical_design (
    input  wire  a_in, b_in, c_in,
    output logic sum_out, carry_out
);
  wire s0_out;
  wire c0_out;
  wire c1_out;
  half_adder U1 (
    .a_in(a_in),
    .b_in(b_in),
    .sum_out(s0_out),
    .carry_out(c0_out)
  );
  half_adder U2 (
    .a_in(s0_out),
    .b_in(c_in),
    .sum_out(sum_out),
    .carry_out(c1_out)
  );
  or_gate U3 (
    .a_in (c0_out),
    .b_in (c1_out),
    .y_out(carry_out)
```

```
    );
endmodule : hierarchical_design
module half_adder (
    input  wire  a_in, b_in,
    output logic sum_out, carry_out
);
  assign sum_out   = a_in ^ b_in;
  assign carry_out = a_in & b_in;
endmodule : half_adder
module or_gate (
    input  wire  a_in, b_in,
    output logic y_out
);
  assign y_out = a_in | b_in;
endmodule : or_gate
```

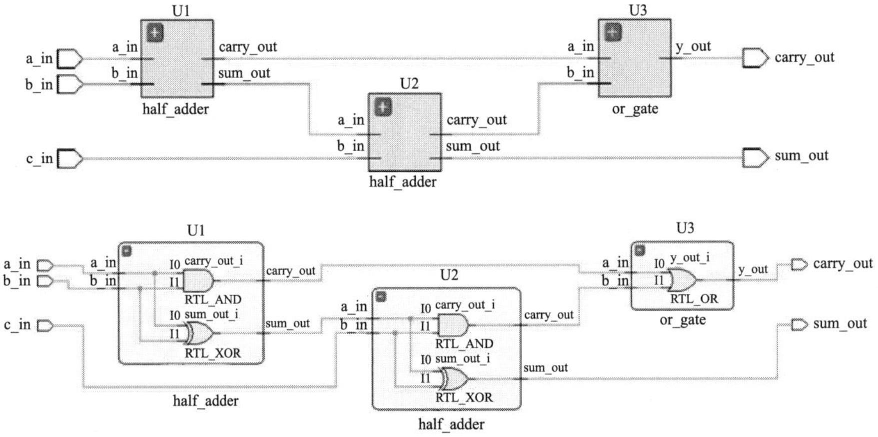

图 3.12   全加器综合结果

3.10   实例化采用混合端口连接方式

SystemVerilog 支持混合端口连接，即可以同时使用 ".*" 方式的隐式端口连接和按端口名方式连接。关于 SystemVerilog 的端口名连接和隐式端口连接可参见第 11 章。示例 3.13 是使用了混合端口连接方式的层次化设计的示例。

示例 3.13 采用混合端口连接方式的硬件描述

```
module hierarchical_design (
    input  wire  a_in, b_in, c_in,
    output logic sum_out, carry_out
);
  wire s0_out;
  wire c0_out;
  wire c1_out;
  half_adder U1 (
      .*,
      .sum_out  (s0_out),
      .carry_out(c0_out)
  );
  half_adder U2 (
      .a_in(s0_out),
      .b_in(c_in),
      .sum_out,
      .carry_out(c1_out)
  );
  or_gate U3 (
      .a_in (c0_out),
      .b_in (c1_out),
      .y_out(carry_out)
  );
endmodule : hierarchical_design
module half_adder (
    input  wire  a_in, b_in,
    output logic sum_out, carry_out
);
  assign sum_out   = a_in ^ b_in;
  assign carry_out = a_in & b_in;
endmodule : half_adder
module or_gate (
    input  wire  a_in, b_in,
    output logic y_out
```

```
);
  assign y_out = a_in | b_in;
endmodule : or_gate
```

3.11　总结和展望

下面是对本章要点的总结：

（1）连续赋值语句 assign 用于组合逻辑电路建模。

（2）always_comb 过程块用于组合逻辑电路建模。

（3）always_latch 过程块用于锁存器建模。

（4）always_ff 过程块用于寄存器或者时序逻辑建模。

（5）多条连续赋值语句同时并行执行。

（6）SystemVerilog 支持 Verilog 中按照端口名和端口位置进行模块实例化连接，也支持混合端口连接方式。

本章我们讨论了 SystemVerilog 的基础知识、操作符和过程块，下一章我们将主要关注 SystemVerilog 中用于设计和验证的枚举数据类型、结构体和共用体。

第4章　SystemVerilog中的面向对象编程

SystemVerilog 支持面向对象编程进行鲁棒性验证

SystemVerilog 支持类、结构体、共用体等多种数据类型，由于采用了 C 语言和 C++ 语言的格式用法，使得该语言在设计和验证中被广泛使用。本章将主要讨论枚举类型、结构体、共用体和数组，以及这些数据类型在设计和验证过程中的使用。

4.1　枚举类型

枚举类型是一组整型常量的集合，枚举类型最主要的特点是它是一种抽象的强数据类型，在设计声明时无需指定数据类型和数据值等信息，在没有数据类型声明的情况下，默认数据类型为 int。

枚举类型定义了一个命名值的集合，例如，如果有个红绿灯控制器状态机，其中有红色、黄色、绿色三种状态，这些状态就可以使用枚举类型，定义如下：

```
enum {
  red,
  yellow,
  green
} state;
```

这个枚举类型在定义时采用了匿名 int 数据类型，并且包含了三个成员。

在枚举类型中，将 x 或者 z 赋值给没有显式指定数据类型或者指定了双状态类型的枚举成员名，将会导致语法错误。

```
// 语法错误 :IDLE=2'b00,XX=2'bx<ERROR>,S1=2'b01,S2=2'b10
enum {
  IDLE,
  XX = 'x,
  S1 = 2'b01,
  S2 = 2'b10
} current_state, next_state;
```

但是，在枚举类型声明时是允许指定四状态类型，此时枚举成员中包含 x 或者 z 是允许的。

```
// 正确 :IDLE=0,XX='x,S1=1,S2=2
enum integer {
```

```
    IDLE,
    XX = 'x,
    S1 = 'b01,
    S2 = 'b10
} current_state, next_state;
```

对于一个没有指定数值的枚举成员，如果其前的枚举成员中包含 x 或者 z，此时会认为语法错误。

```
// 语法错误:IDLE=2'b00,XX=2'bx,S1=??,S2=??
enum integer {
    IDLE,
    XX = 'x,
    S1,
    S2
} current_state, next_state;
```

默认情况下，这些枚举成员的值可以转换为整数类型，并且初始值 0 开始递增，同时这些整数值也可以被重写。

```
enum integer {
    Bronze = 3,
    silver,
    Gold
} //silver=4,gold=5
```

从上面的代码可以看到，没有值的成员会被自动分配一个值，该值为前一个名称对应值的增量。

```
//c 被自动赋值为前一个值的增量
enum {
    a = 3,
    b = 7,
    c
} alphabet;
```

现在，我们再来考虑另一种情况，如果其中的 c 和 d 被赋予了相同的值，此时仿真器编译仿真时会报语法错误。

```
// 语法错误：c 和 d 的值都是 8
enum {
  a = 0,
  b = 7,
  c,
  d = 8
} alphabet;
```

还有一种情况我们需要考虑下，如果第一个枚举成员没有指定值，其他的成员指定了值，会发生什么呢？这时候，第一个枚举成员会被初始化为 0。

```
//a=0,b=7,c=8
enum {
  a,
  b = 7,
  c
} alphabet;
```

4.1.1　枚举方法

SystemVerilog 中提供了很多方法用于对枚举类型遍历访问操作，如表 4.1 所示。

表 4.1　枚举类型专有方法

方　法	方法声明	说　明
first()	function enmu first();	返回第一个枚举常量
last()	function enum last();	返回最后一个枚举常量
next()	function enum next(int unsigned N=1);	返回下一个枚举常量
prev()	function enum prev(int unsigned N=1);	返回前一个枚举常量
num()	function int num();	返回枚举类型变量中枚举常量的个数
name()	function string name();	用于返回给定枚举值的字符串表示形式。如果给定的值不是枚举的成员，name() 方法返回空字符串

4.1.2　枚举类型的方法

下面的示例中展示了如何输出枚举成员的名称和值。

示例 4.1

```
module top_tb;
```

```
   typedef enum {
     red,
     green,
     blue,
     yellow
   } Colors;
   Colors c = c.first;
   initial begin
     forever begin
       $display("%s : %d\n", c.name, c);
       if (c == c.last) break;
       c = c.next;
     end
   end
endmodule
```

4.1.3 数值表达式中的枚举类型

下例为枚举变量的成员用于数值表达式的示例。

示例 4.2

```
typedef enum {
  red,
  green,
  blue,
  yellow,
  white,
  black
} Colors;
Colors col;
integer a, b;
a = blue * 3;
col = yellow;
b = col + green;
```

从上述代码的枚举变量的声明中可以看到，枚举成员 blue 的值为 2，因此上述代码中 a 的值为 6，b 的值为 7。

4.1.4 类型自动转换

作为表达式一部分的枚举变量或者标识符，在进行计算时会自动转换为枚举类型声明时指定的基类型。而通过类型转换转换为枚举类型，将会导致表达式被转换成枚举类型的基类型，并且不会检查转换后该值的有效性。

示例 4.3

```
module top_tb;
  typedef enum {
    Red,
    Green,
    Blue
  } Colors;
  typedef enum {
    Mon,
    Tue,
    Wed,
    Thu,
    Fri,
    Sat,
    Sun
  } Week;
  Colors C;
  Week W;
  int I;
  initial begin
    C = Colors'(C + 1);   //C 转换成整型，完成加 1 操作后再转换回
                          Colors 类型
    C = C + 1;
    C++;
    C += 2;
    C = I;   // 违例，表达式的赋值操作没有进行类型转换
    C = Colors'(Sun);   // 合法，将超出范围的值转换后赋给 C
    I = C + W;   // 合法，C 和 W 都会自动转换为 int 类型
  end
endmodule
```

4.2　结构体

结构体是一个数据的集合，定义在结构体中的数据类型可以通过结构体变量进行引用。下面我们通过示例讨论如何定义结构体。

示例 4.4

```
// 创建一个结构体，其中存储了 int、byte 和 bit 类型的变量
// 结构体变量名为 instance_s，可通过该变量引用结构体中的内容
module top_tb;
  bint clk, reset_n;

  initial begin
    forever #1 clk = ~clk;
  end

  initial begin
    reset_n = 1'b0;
    #6 reset_n = 1'b1;
  end

  typedef struct {
    int a_in, b_in;
    bit [15:0] address_in;
    byte op_code;
  } processor_data;
  processor_data instance_s;

  always_ff @(posedge clk, negedge reset_n)
    if (~reset_n) begin
      instance_s.a_in = 64;
      instance_s.b_in = 32;
      instance_s.address_in = 0;
      instance_s.op_code = 8'h00;
    end else begin
      //…
```

```
        end
    endmodule
```

如示例 4.4 代码所示，可以通过引用成员名，对结构体中的任何成员进行
赋值。整个结构体表达式使用的是"{}"，在对其中成员进行赋值时，只需要
按照变量在结构体定义中声明的顺序或者通过具体结构体成员名的方式将值放
在"{}"中赋值给对应的每个成员即可。

示例 4.5

```
module top_tb;
    bint clk, reset_n;

    initial begin
        forever #1 clk = ~clk;
    end

    initial begin
        reset_n = 1'b0;
        #6 reset_n = 1'b1;
    end
    typedef struct {
        int a_in, b_in;
        bit [15:0] address_in;
        byte op_code;
    } processor_data;
    processor_data instance_s;
    always_ff @(posedge clk, negedge reset_n)
        if (~reset_n) begin
            instance_s = '{64, 32, 0, 8'h00};   // 按顺序
        end else begin
            //…
        end
endmodule
```

另外，需要注意的是，结构体可以作为整体进行赋值，也可以作为整体在
函数和任务中传递。

示例 4.6

```
module top_tb;
  bint clk, reset_n;

  initial begin
    forever #1 clk = ~clk;
  end

  initial begin
    reset_n = 1'b0;
    #6 reset_n = 1'b1;
  end
  typedef struct {
    int a_in, b_in;
    bit [15:0] address_in;
    byte op_code;
  } processor_data;
  processor_data instance_s;
  always_ff @(posedge clk, negedge reset_n)
    if (~reset_n) begin
      instance_s = '{
          op_code: 8'h00,
          a_in: 64,
          b_in : 32,
          address_in: 0
      };  // 结构体成员名的方式
    end else begin
      //…
    end
endmodule
```

然而，在使用结构体时，绝大多数时候我们会将结构体成员的默认值置为 0，具体设置方式可通过如下方式实现：

```
instance_s={default:0};
```

在默认情况下，结构体是非压缩结构体，这也就意味着结构体中的所有成员都是相互独立的，而压缩结构体是由位域组成的，这些位域在内存中是没有间隙连续存放在一起的。与压缩数组类似，压缩结构体也可以作为整体用于算术和逻辑运算中，但是在使用时，一定要注意其中哪一个成员位于最高有效位。在压缩结构体中，还可以在其中关键字 packed 之后指定 signed 和 unsigned 关键字，用于说明该结构为有符号压缩结构体还是无符号压缩结构体。

需要着重注意的一点是，压缩结构体中的成员按照顺序连续按位存储，所以在对其访问时，可以像向量那样进行访问。另外，一般情况下，压缩结构体可由整型数值和压缩变量组成。

示例 4.7

```
struct packed signed {
  int a;
  shortint b;
  byte c;
  bit [7:0] d;
} pack1;  //signed,2-state
struct packed unsigned {
  time a;
  integer b;
  logic [31:0] c;
} pack2;  //unsigned,4-state
```

4.3 共用体

共用体是一个存储元素，一次存储单个值，因此，共用体最大的优势在于减少了存储空间的使用。

示例 4.8

```
union {
  int a_in;
  int b_in;
  int unsigned c_in;
} data_u;
```

共用体有压缩共用体和非压缩共用体两种，其中可以存非压缩结构体、实型和其他任何数据类型。

压缩共用体应具有相同的大小，也就是要有相同大小的比特数。

共用体使用typedef进行类型定义的方式与结构体自定义类型的方式一样，如示例4.9所示。

示例4.9

```
typedef union {
  int a_in;
  int b_in;
  int unsigned c_in;
} data_u;
```

这里需要注意，压缩共用体不能包含real、shortreal、非压缩数组、结构体和其他共用体，也因为如此严格的约束，所以压缩共用体是可综合的。

4.4 数 组

数组是一个变量，用于在连续位置存储不同的数值。

4.4.1 静态数组

静态数组是在编译之前其大小就确定的数组。在下面的示例中，声明了一个8位宽的静态数组，并且通过循环对其进行赋值，同时将对应的值输出打印出来。

示例4.10

```
module test_bench;
  bit [7:0] mem_data;  // 一维压缩数组
  initial begin
    //1.给向量赋值
    mem_data = 8'hFF;
    //2.通过循环遍历向量每一位同时输出打印对应的值
    for (int i = 0; i < $size(mem_data); i++) begin
      $display("mem_data[%0d]=%b", i, mem_data[i]);
```

```
      end
   end
endmodule
bit [3:0][7:0] mem_data;  //Packed
bit [7:0] mem_mem[10:0];  //Unpacked
```

非压缩数组可以是大小确定的数组，也可以是动态数组、关联数组或队列。

在 RTL 设计中，我们可以像下面示例所示的那样对数组进行操作。

示例 4.11

```
module top_tb;
  bint clk, reset_n;

  initial begin
    forever #1 clk = ~clk;
  end

  initial begin
    reset_n = 1'b0;
    #6 reset_n = 1'b1;
  end

  always_ff @(posedge clk,negedge reset_n)
    if (~reset_n) begin
      array_a={default:0};
      array_a[0]={default:5};
    end else begin
    //…
    end
endmodule
```

4.4.2　一维压缩数组

一维压缩数组表示一组连续的比特集合，这些比特位的数据类型只能是 bit、logic 和其他压缩数组。

一个一维压缩数组可以用向量表示，如示例 4.12 所示。

示例 4.12

```
module test_bench;
  bit [7:0] mem_data; //一堆压缩数组
  initial begin
    //1.给向量赋值
    mem_data = 8'hFF;
    //2.通过循环遍历向量每一位同时输出打印对应的值
    for (int i = 0; i < $size(mem_data); i++) begin
      $display("mem_data[%0d]=%b", i, mem_data[i]);
    end
  end
endmodule
```

4.4.3 多维压缩数组

多维数组仍是由连续的位组成，但是这些连续的位被分成了更小的组进行分组存放。

下面示例中声明了一个占 32 位或者 4 字节的二维数组，并且对这个数组的内容进行了遍历打印。

示例 4.13

```
module test_bench;
  bit [3:0][7:0] mem_data;  //4 bytes of data
  initial begin
    //1.对 mem_data 进行赋值操作
    mem_data = 32'h89AB_CDEF;
    $display("mem_data=0x%0h", mem_data);
    //2.遍历 mem_data 中的值并将其输出打印
    for (int i = 0; i < $size(mem_data); i++) begin
      $display("mem_data[%0d]=%b(0x%0h)", i, mem_data[i],
               mem_data[i]);
    end
  end
endmodule
```

```
// 三维压缩数组
module test_bench;
  bit [2:0][3:0][7:0] mem_data;  //12 bytes of data
  initial begin
    //1. 对 mem_data 赋值
    mem_data[0] = 32'h1209_1984;
    mem_data[1] = 32'h2207_1974;
    mem_data[2] = 32'h89AB_CDEF;
    //mem_data 以压缩数据形式输出
    $display("mem_data=0x%0h", mem_data);
    //2. 遍历 mem_data 中的值并将其输出打印
    foreach (mem_data[i]) begin
      $display("mem_data[%0d]=0x%0h", i, mem_data[i]);
      foreach (mem_data[i][j]) begin
        $display("mem_data[%0d][%0d]=0x%0h", i, j, mem_
                  data[i][j]);
      end
    end
  end
endmodule
```

4.4.4　结构体数组和共用体数组

我们可以声明结构体和共用体类型的数组，并且这种类型的数组也有压缩和非压缩两种形式，下面以结构体数组为例进行说明。

1. 非压缩数组

示例 4.14

```
module top_tb;
  typedef struct {
    int a_in, b_in;
    real data_in;
  } processor_data;
  processor_data array_data[15:0];
endmodule
```

2. 压缩数组

示例 4.15

```
module top_tb;
  typedef struct packed {
    int a_in, b_in;
    int data_in;
  } processor_data;
  processor_data [15:0] array_data;
endmodule
```

4.4.5　压缩数组和非压缩数组的可综合性

如上所述，可以声明结构体和共用体类型的数组，并且这种类型的数组也有压缩和非压缩两种形式。

1. 压缩数组

示例 4.16

```
struct packed {
  bit a_in, b_in;
  bit [7:0][15:0] data_a;   // 二维压缩数组
} processor_data;
```

2. 非压缩数组

示例 4.17

```
struct {
  bit a_in, b_in;
  bit data_a[0:7];   // 非压缩数组
} processor_data;
```

这里需要强调的一点是，压缩数组和非压缩数组是可综合的，数组在结构体和共用体中也是可综合的，但是其中的共用体数组必须是可压缩的。

结构体或者共用体数组是可综合的，该结构必须是采用类型化的方式进行声明，而共用体数组正如前边提到的，必须是压缩类型的数组。

另外，通过模块端口传递的数组也是可综合的。

4.4.6 动态数组

动态数组的大小在编译阶段是未确定的。动态数组与其他数组不同之处在于其声明时数组名后是一个空的"[]"。

```
int mem_mem[ ];// 动态数组，其大小未指定，但是其数值一定是整型数值
```

4.4.7 关联数组

关联数组是通过键作为索引来存放数据的数组，关联数组与其他数组不同之处在于其作为数组索引的键值位于"[]"内。

示例 4.18

```
int mem_data[int];   // 键值类型为 int，数组中存放的数据类型也为 int
int mem_name[string]; // 键值类型为 string，数组中存放的数据类型为 int
mem_name["coin"] = 8;
mem_name["value"] = 4;
mem_data[32'h123] = 1234;
```

4.4.8 队 列

队列是一种数据类型，数据既可以被压入队列中，也可以从队列中取出。队列是在"[]"中写"$"进行声明的。

示例 4.19

```
module top_tb;
  int m_queue[$];   // 无界队列，没有指定大小
  int data;
  initial begin
    m_queue.push_back(20);   // 将数值压入队列中
    data = m_queue.pop_front();   // 从队列中取出数据
  end
endmodule
```

关于队列更多的细节，可以参考 SystemVerilog LRM。

4.5 总结和展望

下面是对本章要点的总结：

（1）枚举类型是一组整型常量的集合。

（2）对于一个没有指定数值的枚举成员，如果其前的枚举成员中包含 x 或者 z，那么此时会认为语法错误。

（3）枚举变量中的成员可用于数值表达式。

（4）作为表达式一部分的枚举变量或者标识符，在进行计算时会自动转换为枚举类型声明时指定的基类型。

（5）结构体是一个数据的集合，定义在结构体中的数据类型可以通过结构体变量进行引用。

（6）结构体可以作为整体进行赋值，也可以作为整体在函数和任务中传递。

（7）压缩结构体是由位域组成的，这些位域在内存中是没有间隙连续存放在一起的。

（8）需要着重注意的是，压缩结构体中的成员按照顺序连续按位存储，所以在对其访问时，可以像向量那样进行访问。

（9）在压缩结构体中声明时，可以在关键字 packed 之后指定 signed 和 unsigned 关键字。

（10）共用体有压缩共用体和非压缩共用体两种，其中可以存非压缩结构体、实型和其他任何数据类型。

（11）数组可以在连续的存储空间存放不同的数值。

（12）静态数组的大小在编译时就已经确定了。

（13）动态数组的大小在编译的时候不确定。

（14）队列是一种数据类型，可以向其中压入数据，也可以从其中取出数据。

（15）一维压缩数组也可作为向量使用。

（16）多维数组仍是由连续的位组成，但是这些连续的位被分成了更小的组进行分组存放。

（17）关联数组是通过键作为索引来存放数据的数组。

（18）数组可以应用于结构体和共用体中，并且是可综合的，但是其中的共用体数组必须是压缩数组。

（19）结构体或者共用体数组是可综合的，该结构必须是采用类型化的，而共用体数组必须是压缩类型的数组。

（20）通过端口传递的数组是可综合的。

本章我们讨论了 SystemVerilog 中的结构体、共用体和不同类型的数组，还讨论了这些数据类型在设计和验证中的应用，下一章我们将主要关注 SystemVerilog 中一些增强的特性。

第 5 章　SystemVerilog 增强特性

SystemVerilog 作为一种硬件描述和验证语言, 具有重要的增强特性

对比过去 Verilog 作为硬件描述语言流行的十几年，SystemVerilog 在 2005年（IEEE 标准 1800-2005）才成为标准，成为流行的硬件描述和验证语言，目前比较稳定的 SystemVerilog 版本是 IEEE 1800-2017。本章将基于这个版本的 SystemVerilog，重点讨论 SystemVerilog 的增强特性和结构。通过本章的学习，将有助于读者加深对循环、函数、任务、标签和本书中使用到的增强特性的理解。

随着面向复杂 ASIC 设计和验证的发展，用户既要使用可综合的结构，也需要用到不可综合的结构。我们需要学习理解过程块、模块的实例化、循环、函数和任务等结构的特性。为此，下面几节将讨论 SystemVerilog 增强的功能，这些增强的功能在设计和验证过程中被广泛使用。

5.1 Verilog过程块

正如前面第 1 章和第 3 章提到的，过程块 always 和 initial 是 Verilog 中功能强大的结构。always 过程块无限循环执行，执行时受事件和时间的控制，根据设计需求，常用于组合逻辑设计和时序逻辑设计。

initial 过程块是一种不可综合的结构，常用于仿真验证，更多详细内容可参考本书第 12 章。

如果有一个 always@(a_in,b_in) 这样的过程块，括号和括号中的输入信号组成敏感信号列表，当敏感信号发生变化时这个过程块将会被执行。敏感信号列表中也可以指定边沿事件，通过边沿事件控制过程块的执行，当边沿事件触发时，过程块也将被执行。

我们回忆下 Verilog 中关于 always 结构的说明，在 Verilog 中 always 过程块主要用于进行组合逻辑和时序逻辑建模，但是其缺少一些能够体现出设计功能意图和行为的信息。尽管如此，设计团队成员还是可以使用 always 过程块对数字电路进行建模或者在测试中产生时钟。

下面的示例中展示了如何使用 always 进行数字电路建模。

1. 组合逻辑建模

示例 5.1

```
// 过程块受 a_in 或者 b_in 的变化控制
```

```
always@(a_in,b_in) begin
<语句 / 赋值语句 >
end
```

always@* 过程块最大的优点是，过程块的敏感信号列表由于使用了通配符，敏感信号列表会自动生成。过程块中所有被读的信号都将被 always@* 添加到敏感信号列表中。如果过程块中存在函数或者任务调用，那么 @* 仅会将函数或者任务的参数加入到敏感信号列表中。

示例 5.2

// 过程块受带有通配符的边沿事件控制

```
always@* begin
<语句 / 赋值语句 >
end
```

2. 时序逻辑建模

示例 5.3

// 过程块受时钟上升沿和异步的低电平有效的复位信号控制

```
always@(posedge clk or negedge reset_n) begin
<语句 / 赋值语句 >
end
```

示例 5.4

// 过程块受时钟下降沿和异步的低电平有效的复位信号控制

```
always@(negedge clk or negedge reset_n) begin
<语句 / 赋值语句 >
end
```

正如上述示例所示，在 Verilog 中，always 过程块主要的缺点是其不能明确表明设计功能的意图，而这些往往需要仿真器和综合工具使用额外的资源进行解析，仿真工具或者综合工具每次都需要理解设计师的意图，以便对数据分析或综合。

5.2　SystemVerilog过程块

正如 5.1 节讨论的那样，Verilog 中没有专门的过程块可以表示出设计者的意图。而 SystemVerilog 消除了这样的问题，在 SystemVerilog 中提供了三种不同的过程块可以用于表明设计者的设计意图。

下面分别针对这些过程块进行说明。

5.2.1 使用always_comb进行组合逻辑建模

使用 always_comb 过程块，可以有效地描述组合逻辑电路。always_comb 的优点是可以自动推断敏感信号列表，并进行组合逻辑建模。这里需要注意的一点是，推断出的敏感信号列表包括所有的相关信号。另一点需要注意是在使用 always_comb 时，要留意对于线网或者共享变量的赋值操作。

示例 5.5

```
// 组合逻辑建模
always_comb begin
<语句/赋值语句>
end
```

1. 场景 I

下面是用 SystemVerilog 进行组合逻辑设计的代码片段。

示例 5.6

```
// 组合逻辑建模
always_comb begin
  y_out = a_in & b_in;
end
```

在这个示例中，敏感信号列表会自动被推断出来，当信号 a_in 或者 b_in 发生变化时，过程块将执行并且推断出组合逻辑电路。

2. 场景 II

下面的 SystemVerilog 代码会推断出不期望出现的锁存器。

示例 5.7

```
// 实现锁存器的过程块
always_comb begin
  if (enable_in) y_out = d_in;
end
```

在这个示例中，敏感信号列表会自动被推断出来，过程块在 enable_in 或者 d_in 发生变化时被触发。但是代码中的条件分支缺少了 else 分支，综合工具将给出生成锁存器的警告信息。

下面是使用 always_comb 进行组合逻辑建模的一些优点。

（1）always_comb 过程块在仿真 0 时刻可以确保输入与输出的连续性。always_comb 过程块会在其他 always 和 initial 块激活之后触发，并可以一直保持输出与输入的连续性。

（2）一条重要的设计准则是面对较大的设计时，可以将设计划分成多个过程块进行建模。

（3）相较于 always@*，always_comb 另一个优点是可以将过程块中所有的被读信号添加到敏感信号列表中，这也包括在过程块中被调用的函数中的任何被读变量。

（4）always_comb 过程块中调用的函数可以没有任何参数。

5.2.2 使用always_latch进行锁存器建模

SystemVerilog 中使用 always_latch 过程块对基于锁存器的设计进行建模。该过程块会在 0 时刻自动执行一次，从而确保 0 时刻输出与输入的连续性。

示例 5.8

```
// 用于推断锁存器的过程块
always_latch begin
<语句 / 赋值语句>
end
```

场景 I

该场景目的是推断出锁存器。

示例 5.9

```
always_latch begin
  if (enable_in) y_out <= d_in;
end
```

需要注意的是，always_latch 过程块中的变量不能被其他过程块驱动。

5.2.3 使用always_ff进行时序逻辑建模

设计人员使用 always_ff 过程块的目的是进行时序逻辑建模，需要在过程块的敏感信号列表中指定 posedge 或者 negedge 用于表示该过程块对于上升沿或者下降沿敏感。

示例 5.10

```
// 用于推断时序逻辑的过程块
always_ff @(posedge clk, negedge reset_n) begin
<语句 / 赋值语句 >
end
```

1. 场景 I

下面的 SystemVerilog 代码表示要设计一个时序逻辑电路，该过程块对于时钟上升沿敏感。

示例 5.11

```
// 用于推断时序逻辑的过程块
always_ff @(posedge clk, negedge reset_n) begin
  if (~reset_n) q_out <= 0;
  else q_out <= d_in;
end
```

这个示例中，过程块对于时钟的上升沿敏感或者 reset_n 的下降沿敏感。

2. 场景 II

下面的 SystemVerilog 代码表示要设计一个时序逻辑电路，该过程块对于时钟下降沿敏感。

示例 5.12

```
// 用于时序逻辑建模的程序块
always_ff @(negedge clk, negedge reset_n) begin
  if (~reset_n) q_out <= 0;
  else q_out <= d_in;
end
```

这个示例中，过程块对于时钟的下降沿敏感或者 reset_n 的下降沿敏感。

5.3　块标签

为了提高代码的可读性，SystemVerilog 中可以给过程块增加标签。如示例 5.13 所示，其中的 always_comb 过程块用于对组合逻辑电路进行建模，根据 SystemVerilog 标准，可以给 always_comb 过程块增加标签。

在这个示例中，我们为了提高可读性，增加的标签是 a_in_greater_b_in。

示例 5.13

```
always_comb begin : a_in_greater_b_in
  if (a_in > b_in) g_t_out = 'b1;
  else g_t_out = 'b0;
end : a_in_greater_b_in
```

5.4　语句标签

为了提高代码的可读性，在 SystemVerilog 中可以对语句添加标签。依据 SystemVerilog 标准，可以给 always 过程块中的语句添加标签。

这里，在 if-else 结构中，通过给语句增加标签，可以更加清楚地表明该语句操作的大于和不大于属性。

示例 5.14

```
always_comb begin : a_in_greater_b_in
  if (a_in > b_in) greater : g_t_out = 'b1;
  else not_greater : g_t_out = 'b0;
end : a_in_greater_b_in
```

5.5　模块标签

在 SystemVerilog 中，每个模块都有唯一的名字，并且可以用模块名称作为当前模块的结束。在下面的示例中，module 名是 comparator_16_bit，该模块以关键字 endmodule 结尾，示例中我们使用了 endmodule: comparetor_16_bit 作为结尾。

示例 5.15 使用模块标签的 RTL 设计

```
module comparator_16_bit (
    input logic [15:0] a_in, b_in,
    output bit g_t_out, e_t_out, l_t_out
);
    // 每个输出都是单个位
    // 当 a_in 大于 b_in 时, g_t_out 为高
    // 当 a_in 等于 b_in 时, e_t_out 为高
    // 当 a_in 小于 b_in 时, l_t_out 为高
    always_comb begin : a_in_greater_b_in
      if (a_in > b_in) g_t_out = 'b1;
      else g_t_out = 'b0;
    end : a_in_greater_b_in
    assign e_t_out = (a_in == b_in);   // 用于检测相等条件的连续
                                          赋值语句
    assign l_t_out = (a_in < b_in);  // 用于检测小于条件的连续赋值语句
endmodule : comparator_16_bit
```

5.6 任务和函数

在进行设计时，我们经常会调用任务和函数，并且很多时候我们会使用任务和函数去描述组合逻辑电路。在此，我们首先回想下 Verilog95，其中使用任务和函数时需要注意以下几点：

（1）任务和函数是静态的。

（2）对于参数和内部变量的存储空间只分配一次。

（3）对同一任务和函数的所有调用共享相同的存储空间。

（4）每一次新的调用，都会将前一次调用的值覆盖。

在 Verilog2001 对于任务和函数又增加了以下特点：

（1）可以使用关键字 automatic 声明动态任务和函数。

（2）因为有了 automatic 关键字的修饰，任务和函数每调用一次就分配一次存储空间。

（3）任务和函数中如果存在多条语句，需要使用 begin-end 将这些语句分组。

（4）任务中的多条语句可以使用 fork-join 进行分组。在 Verilog 中，函数可以像下面代码这样描述。

示例 5.16

```
function and_logic(input logic a_in, b_in);
  and_logic = a_in & b_in;
endfunction : and_logic
```

（5）在 Verilog 中，传递给任务或者函数的数值，要与任务或者函数中形参保持一样的顺序。

（6）在 Verilog 中，函数只能有输入和输出，从函数返回一个单独的值可以使用 return 返回值。

（7）在 Verilog 中，函数至少要有一个输入参数，哪怕这个参数不被使用。

（8）在 Verilog 中，任务可以没有参数。

在 SystemVerilog 中，任务和函数引入了如下重要特性：

（1）在 SystemVerilog 中，任务或者函数可以混合使用 static 和 automatic。

（2）在 SystemVerilog 中，允许动态任务或者函数有静态的存储空间，这也就意味着此时任务或者函数可以共享相同的存储空间。

（3）在 SystemVerilog 中，不必强制使用 begin-end 对多个语句进行分组。

（4）SystemVerilog 中，一个重要的增强特性是可以像 C 语言那样使用 return 语句。

（5）因为可以使用 return 语句或函数名来指定返回值，所以保持了向后兼容性，如果使用了函数名，则此时函数名将被推断为变量，可用于临时存储。

示例 5.17

```
function xor_logic(input logic a_in, b_in, output y_out);
  return (a_in ^ b_in);
endfunction : xor_logic
```

（6）函数的结尾使用 endfunction，任务的结尾使用 endtask。

（7）使用 disable 语句，可以强制任务结束。

（8）SystemVerilog 中的 return 语句，可以在代码的任何位置提前退出任务或者函数。

（9）SystemVerilog 中函数的另一个主要特性是可以有输出和输入形参。

示例 5.18
```
function automatic int a_in_greater_b_in(input int a_in, b_in);
  if (a_in > b_in) return (1);
  else return (0);
endfunction : a_in_greater_b_in
```

（10）SystemVerilog 中可以按照形参名传递数值，而不只是按照形参顺序。

（11）在 SystemVerilog 中，函数可以像任务一样有 input、output 和 inout。需要注意的是，如果函数有 output 或者 inout 参数，在以下几种情况下不能被调用：

· 事件表达式。

· 过程赋值语句之外的表达式。

· 过程赋值语句中的表达式。

（12）SystemVerilog 中允许函数像 Verilog 中的任务一样，可以没有形参。

5.7 void函数

在 Verilog 中，如果一个函数有返回值，但是此时并没有使用 return 指定返回值，那么静态函数的返回值将保持上一次调用时候的值。而动态函数将会返回该函数数据类型的默认未初始化值。

为此，在 SystemVerilog 中增加了 void 数据类型，表示函数没有返回值。void 数据类型的主要优势在于它克服了函数不能像调用任务那样调用的限制。

简而言之，我们使用 void 函数就可以像任务调用那样，不需要返回任何数值了。

示例 5.19

```
function void half_subtractor(input logic a_in, b_in, output
diff_out, borrow_out);
  diff_out   = a_in ^ b_in;
  borrow_out = ~a_in & b_in;
endfunction : half_subtractor
```

任务如示例 5.20 所示。

示例 5.20

```
task alu(input logic [7:0] a_in, b_in, input logic [1:0] op_
code, output logic [7:0] alu_out);
  case (op_code)
    2'b00: alu_out = a_in + b_in;
    2'b01: alu_out = a_in - b_in;
    2'b10: alu_out = a_in ^ b_in;
    2'b11: alu_out = a_in & b_in;
  endcase
endtask : alu
```

5.8　循　环

Verilog 和 SystemVerilog 支持各种循环。在 SystemVerilog 中，循环结构具有更好的可读性和综合性。本节将讨论 SystemVerilog 中的 for、while 和 do-while 循环。

5.8.1　Verilog中的for循环

在 Verilog 中，for 循环中的循环变量必须先于循环结构声明。

示例 5.21 Verilog 中的 for 循环

```
module<name_of_module>(// 输入输出声明 );
  integer i;
  always@(posedge clk) begin
    for (i=0;i>=1023;i ++) begin
      // 循环体
```

```
        end
    end
endmodule:<name_of_module>
```

如示例 5.21 中所描述的那样，在 Verilog 的 for 循环结构中，for 循环使用变量 i 来控制循环，但由于它是在过程块中使用的，而不是在循环内部，因此其他并发运行的过程块中使用相同的变量时就会出现问题。在这种情况下，声明在循环外的整形变量是可以被层次引用的。

如果有多个并行运行的过程块同时访问这种类型的循环变量，程序运行就会出现问题。

5.8.2　SystemVerilog中的for循环

在 SystemVerilog 中，控制 for 循环的循环变量被声明为循环的局部变量。

示例 5.22　SystemVerilog 中的 for 循环

```
module<name_of_module>(// 输入输出声明 );
    always_ff @(posedge clk) begin
        for (int i=0;i>=1023;i++) begin
            // 循环体
        end
    end
endmodule:<name_of_module>
```

正如示例 5.22 所描述的那样，在 SystemVerilog 的 for 循环结构中，for 循环使用变量 i 来控制循环并且该变量的作用域在该循环中。但是有一点需要注意，因为该变量是作为循环的一部分进行声明的，所以该变量分配的存储空间是动态的，不是静态的。

另外一点需要注意的是，因为这些变量是循环的局部变量，所以在循环外是不能直接使用的，并且该变量的变化也不能保存在 vcd 文件中，这些变量占用的空间在循环结束后就会被释放掉。

5.8.3　SystemVerilog增强的循环

在 SystemVerilog 中，for 循环支持使用多个局部变量。

示例 5.23　SystemVerilog 中的 for 循环

```
module<name_of_module>(// 输入输出声明);
  always_ff @(posedge clk) begin
    for (int i=0, j=0; i*j<512; i--, j++) begin
      // 循环体
    end
  end
endmodule:<name_of_module>
```

正如示例 5.23 所描述的那样，在该 SystemVerilog 的 for 循环结构中，使用了循环变量 i 和 j 控制循环，并且这两个变量都是该循环的局部变量。在这个示例中，i 和 j 在循环体外是不能被访问的，也不能被层次化引用，但是这个循环是可综合的。

5.8.4　Verilog中的while循环

在 Verilog 中，while 循环在条件为真时才被执行，也就是说条件不成立时循环体是不会被执行的。下面通过示例 5.24 来了解下 Verilog 中 while 循环的使用。

示例 5.24　Verilog 中的 while 循环

```
module<name_of_module>(// 输入输出声明);
  always_comb begin
    if (condition) begin
      // 赋值语句
    end
    else while （循环控制条件） begin
      // 赋值语句
    end
  end
endmodule
```

5.8.5　SystemVerilog中的do-while循环

在 SystemVerilog 中，do-while 循环会在每次循环执行结束后去判断循环条件，也正因为此，do-while 循环至少会被执行一次。示例 5.25 是 SystemVerilog 中 do-while 循环结构使用的示例。

示例 5.25 SystemVerilog 中的 do-while 循环

```
module < name_of_module > (// 输入输出声明 );
  always_comb
    do begin
      if （条件）
      begin
        // 赋值语句
      end
      else if （条件）
      begin
        // 赋值语句
      end
    end while ( 循环控制条件 );
endmodule
```

5.9 编码规则

以下是在 RTL 设计中使用操作符和循环时，需要遵循的指导原则：

（1）i++ 相当于 i=i+1，i-- 相当于 i=i-1，其行为类似于阻塞赋值语句。

（2）组合逻辑建模时可以使用 i++ 和 i--。

（3）在使用 always_ff 构建时序逻辑建模时，如果在其中使用 i++ 和 i--，可能会导致竞争情况的出现。

（4）在 always_ff 中避免使用 i++ 和 i--，因为需要使用非阻塞赋值语句。

（5）在时序逻辑建模时，使用非阻塞赋值语句。

（6）RTL 设计团队必须要注意 i++ 和 i-- 的使用。i++ 虽然是可综合的，但是如果我们这样使用"tmp_count=i++"，i++ 将是不可综合的。

（7）所有的赋值操作都会有阻塞存在。

（8）Verilog 中的 while 循环和 do-while 循环都是可综合的。

5.10 总结和展望

下面是对本章要点的总结：

（1）always 过程块无限循环执行，执行时受事件和时间的控制，根据设计需求，常用于组合逻辑设计和时序逻辑设计。

（2）initial 过程块是不可综合的，主要用于验证。

（3）always @* 会将过程块中所有被读的信号都添加到敏感信号列表中。

（4）Verilog 中的 always 过程块主要的缺点是其不能明确地表明设计功能的意图，而这些往往需要仿真器和综合工具使用额外的资源进行解析。

（5）使用 always_comb 过程块可以进行组合逻辑建模。

（6）使用 always_comb 过程块可以在仿真 0 时刻保证输入与输出的连续性。

（7）使用 always_latch 过程块可以进行锁存器建模。

（8）使用 always_ff 过程块的目的是表明设计人员的设计意图，可以进行时序逻辑建模。

（9）为了提高代码的可读性，SystemVerilog 增加了块标签、语句标签和模块标签。

（10）在 Verilog 中，传递给任务和函数的参数顺序必须要与任何和函数定义时指定的形参顺序相同。

（11）在 Verilog 中，function 只能有输入，其输出来自于函数的 return 返回的单一值。

（12）SystemVerilog 中的 function 有一个增强的特性：可以有输出和输入形参。

（13）SystemVerilog 中的 void 数据类型表示没有返回值。

（14）i++ 虽然是可综合的，但是如果我们这样使用"tmp_count=i++"，i++ 将是不可综合的。

（15）i++ 和 i-- 可用于组合逻辑建模，其行为类似于阻塞赋值语句。

本章我们讨论了 SystemVerilog 中的一些结构和增强的特性，下一章我们将主要关注 SystemVerilog 中组合逻辑设计。

第 6 章　SystemVerilog中的组合逻辑设计

组合逻辑设计的输出是当前输入的函数

本章主要讨论一些典型的组合逻辑设计的示例。通过本章的学习，将有助于读者理解 always@* 过程块和 always_comb 过程块在组合逻辑设计中的区别。大多数情况下，我们在 RTL 设计中经常会用到数据选择器、编码器和优先级编码器，本章将涵盖这些模块的硬件描述，还会涉及 SystemVerilog 中能够有效进行验证和综合的一些结构。

我们在第 5 章已经讨论学习了组合逻辑建模，但是在 ASIC 或者 FPGA 设计中，还有一些重要的组合逻辑模块需要着重关注。很多时候，我们可能需要使用对数据进行选择的数据选择器、能够解码的解码器，以及能够完成编码逻辑的编码器等。像这样的设计，使用有效的 SystemVerilog 结构都能以最小的面积和最小的延迟实现，具体相关技术将在本章中讨论，其中重要典型的组合逻辑结构如表 6.1 所示。

表 6.1 典型组合逻辑结构

典型组合结构	应用场景
数据选择器	数据选择器作为多对一开关可以用于引脚复用、地址复用和数据复用
数据分配器	作为一对多的开关，执行效果与数据选择器相反，常用于地址和数据总线的解复用，以及引脚的解复用
解码器	在解码器中，每次只有一个有效的输出，因此，解码器被广泛应用于芯片选择逻辑。另外，考虑到系统中存在多个内存或 IO，解码器可用于选择一个 IO 或内存与主处理器建立通信
编码器	编码器的功能与解码器功能相反，主要用于编码逻辑
优先级编码器	如果有多个输入同时有效，设计需要能够优先处理其中一个输入，此时就可以使用优先级编码器

下面我们将使用 SystemVerilog 描述一些典型的组合逻辑设计。

6.1 always_comb过程块

正如第 5 章讨论的那样，我们可以使用 always_comb 进行组合逻辑建模，当这个块内指定的事件发生变化时，这个块就会执行。

示例 6.1 是一个典型的二选一选择器。数据选择器是一个多选一的开关，主要根据输入选择信号选择某一路输入通过。

示例 6.1 二选一数据选择器

```
module mux_2to1 (
    input  logic a_in, b_in, sel_in,
    output logic y_out
```

```
);
  always_comb begin : Procedural_block
    if (sel_in) y_out = b_in;
    else y_out = a_in;
  end
endmodule
```

假设有一个设计有多个时钟源，设计中用到 75MHz 的 clock_1、100MHz 的 clock_2 和数据选择器。表 6.2 给出了基于选择输入状态的数据选择相关信息。

表 6.2　二选一数据选择器

选择输入	输　出	说　明
0	clock_1 = a_in	当选择信号为 0 时，clock_1 传递到输出端
1	clock_2 = b_in	当选择信号为 1 时，clock_2 传递到输出端

因为代码中使用了 if-else 结构，所以综合结果为一个二选一数据选择器。现在，让我们思考一下 always_comb 过程块是如何执行的？首先在 always_comb 过程块中使用了 if-else 顺序执行结构，当其中一个输入条件发生变化时，赋值操作就会发生。如果条件为真，那么 b_in 就会传递给 y_out；如果为假，那么 a_in 就会输出值 y_out，对应电路结构如图 6.1 所示。

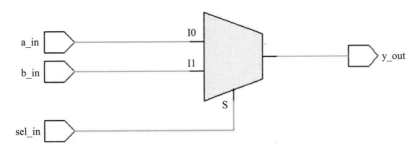

图 6.1　二选一数据选择器

综合指南：使用 always_comb 推断出组合逻辑电路。

6.2　if-else嵌套和优先级逻辑

嵌套的 if-else 结构是顺序结构，在过程块中进行描述。

```
if（条件1）
// 赋值表达式；
```

```
else if（条件 2）
// 赋值表达式；
else if（条件 n）
// 赋值表达式；
else
// 赋值表达式
```

嵌套语句会被推断出优先级逻辑。示例 6.2 是一个使用嵌套的 if-else 结构实现的四选一数据选择器，其中输入 data_in[0] 具有最高优先级，data_in[3] 具有最低优先级。

示例 6.2 优先级数据选择器的硬件描述

```systemverilog
module priority_mux (
    input logic [3:0] data_in,
    input logic [1:0] control_in,
    output logic data_out
);
  always_comb begin : Procedural_block
    if (control_in == 2'b00) data_out = data_in[0];
    else if (control_in == 2'b01) data_out = data_in[1];
    else if (control_in == 2'b10) data_out = data_in[2];
    else data_out = data_in[3];
  end : Procedural_block
endmodule
```

不过我们建议大家避免使用嵌套的 if-else 结构，因为越多的选择分支最后产生的逻辑面积也会越大。

图 6.2 是对应的综合结果，可以看到其中级联了多个二选一数据选择器，其中 data_in[0] 具有最高优先级，data_in[3] 具有最低优先级。这样的电路产生的传输延迟与并行逻辑相比较也会更大。

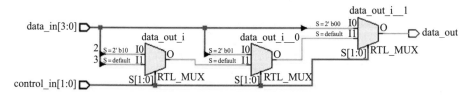

图 6.2 优先级逻辑的综合结果

综合指南：建议避免使用嵌套的 if-else 结构，因为会综合出优先级逻辑结构。

6.3 参数及其在设计中的应用

较好的设计是基于参数化的设计，而参数一般是通过关键字 parameter 进行声明的。

可以在设计的模块中使用参数标签，通过模块可以访问这些参数。例如，有一个 8 位的数据总线和一个 16 位的地址总线，就可以通过参数化的标签在模块内部实现。

```
module processor_design # (
    parameter data_bus = 8,
    parameter address_bus = 16
)
……
……
……
endmodule
```

示例 6.3 是一个参数化的四选一数据选择器，在这个设计中使用 case 语句实现了并行的逻辑结构。输入数据在声明时是通过参数 data_width=4 指定数据的位宽，控制信号的位宽则是通过参数 select_width=2 进行声明。

示例 6.3 参数化设计的硬件描述
```
module parameter_design_mux4to1 #(
    parameter data_width  = 4,
    parameter select_width = 2
) (
    input [data_width-1 : 0] data_in,
    input [select_width-1:0] sel_in,
    output logic y_out
);
  always_comb begin
    case (sel_in)
```

```
        2'd0: y_out = data_in[0];
        2'd1: y_out = data_in[1];
        2'd2: y_out = data_in[2];
        default: y_out = data_in[3];
      endcase
  end
endmodule
```

表 6.3 给出了设计中输入与输出之间的关系。

表 6.3 四选一数据选择器真值表

选择输入（sel_in[1:0]）	输出（y_out）
00	data_in[0]
01	data_in[1]
10	data_in[2]
11	data_in[3]

图 6.3 是四选一数据选择器的综合结果，该结构是一个并行输入 data_in[3:0] 的并行逻辑结构。

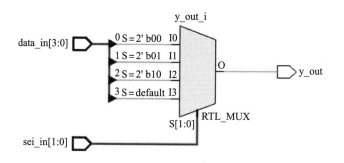

图 6.3 四选一数据选择器综合结果

综合指南：建议使用 case 语句进行并行逻辑建模。

6.4 条件操作符实现选择器逻辑

条件操作符是构建组合逻辑比较好的一种技术，下面我们将讨论条件操作符如何实现选择器逻辑。

下面的代码是 always_comb 中的赋值语句：

```
y_out = sel_in ? a_in: b_in;
```

这条赋值语句执行的结果就是一个多选一的开关。当 sel_in 为真时,a_in 的值就会传递给 y_out;当 sel_in 为假时,b_in 的值就会传递给 y_out。

示例 6.4 是一个使用条件操作符描述的四选一数据选择器。

示例 6.4 使用条件操作符的硬件描述

```
module parameter_design_mux4to1 #(
    parameter data_width   = 4,
    parameter select_width = 2
) (
    input [data_width-1 : 0] data_in,
    input [select_width-1:0] sel_in,
    output logic y_out
);
  logic [1:0] tmp_wire;
  always_comb begin
    tmp_wire[0] = (sel_in[0]) ? data_in[1] : data_in[0];
    tmp_wire[1] = (sel_in[0]) ? data_in[3] : data_in[2];
    y_out = (sel_in[1]) ? tmp_wire[1] : tmp_wire[0];
  end
endmodule
```

四选一选择器的综合结果是由二选一选择器组成的,对于每一条赋值语句都会综合出对应的一个二选一选择器。

图 6.4 是综合出的逻辑,其中有 3 个选择器,并且如果每个选择器的延迟是 1ns,那么电路总的延迟就是 2ns。

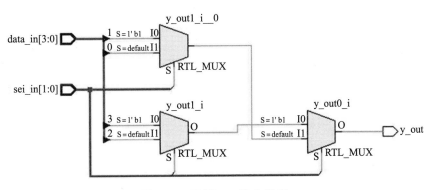

图 6.4 示例 6.4 综合结果

图 6.5 是根据不同的 sel_in 值进行电路仿真的结果。

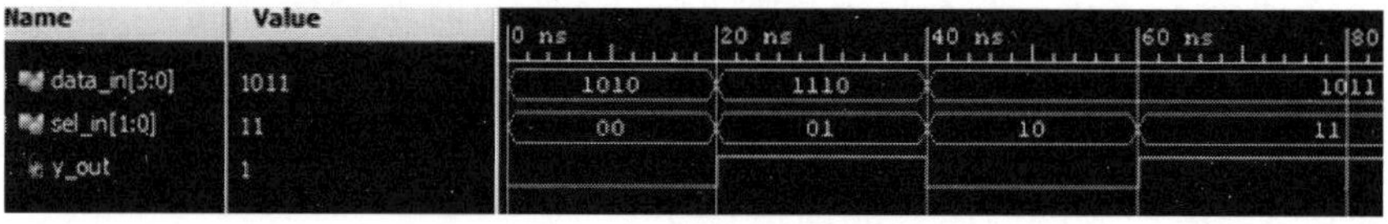

图 6.5 示例 6.4 仿真结果

6.5 解码器

解码器广泛应用于系统设计中的片选逻辑，又因为其一次只能有一个输出是有效的这个特点，所以解码器常用于存储体和 IO 设备的选择。

表 6.4 给出了解码器输入与输出之间的关系。

表 6.4 2-4 解码器

解码器使能端（enable_in）	选择端（sel_in）	解码器输出（y_out）
1	00	0001
1	01	0010
1	10	0100
1	11	1000
0	xx	0000

示例 6.5 是 2-4 解码器的硬件描述，其中使能输入为高有效，输出也是高有效，译码逻辑由 always_comb 和 case 语句实现，选择信号的状态直接决定了只有一个输出为有效高电平。

示例 6.5 2-4 解码器

```
module decoder_2to4 (
    input [1:0] sel_in,
    input enable_in,
    output logic [3:0] y_out
);
  always_comb begin : Decoder_Functionality
    case ({
      enable_in, sel_in
    })  // 当 enable_in = '1' 时使能译码器
      4: y_out = 1;
```

```
        5: y_out = 2;
        6: y_out = 4;
        7: y_out = 8;
        default: y_out = 0;
      endcase
  end
endmodule
```

图 6.6 是解码器的综合结果，其中包括了比较器和选择器。

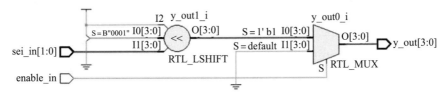

图 6.6 2-4 解码器综合结果

示例 6.6 是对应解码器的测试平台，其中通过系统任务 $monitor 可以监测信号的变化情况。

示例 6.6 2-4 解码器的测试平台

```
module test_decoder ();
  logic [1:0] sel_in;
  wire [3:0] y_out;
  logic enable_in;
  decoder_2to4 DUT (
      .sel_in(sel_in),
      .enable_in(enable_in),
      .y_out(y_out)
  );
  always #25 sel_in[0] = ~sel_in[0];
  always #50 sel_in[1] = ~sel_in[1];
  always #100 enable_in = ~enable_in;
  initial begin
    sel_in = '0;
    enable_in = 1'b0;
    #100
```

```
$monitor("time = %3d,enable_in = %d,sel_in = %d,y_out =
         %d", $time, enable_in, sel_in, y_out);
  end
endmodule
```

图 6.7 是解码器对应的功能仿真波形。

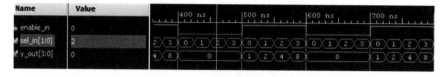

图 6.7　2-4 解码器仿真结果

通过系统任务 $monitor 监测的信息结果如下所示：

```
Time resolution is 1 ps
time = 100,enable_in = 1,sel_in = 0,y_out = 1
time = 125,enable_in = 1,sel_in = 1,y_out = 2
time = 150,enable_in = 1,sel_in = 2,y_out = 4
time = 175,enable_in = 1,sel_in = 3,y_out = 8
time = 200,enable_in = 0,sel_in = 0,y_out = 0
time = 225,enable_in = 0,sel_in = 1,y_out = 0
time = 250,enable_in = 0,sel_in = 2,y_out = 0
time = 275,enable_in = 0,sel_in = 3,y_out = 0
$finish called at time : 300 ns
```

6.5.1　参数化解码器

解码器比较好的设计建模方法是使用参数化设计和移位操作符，这样可以有效减轻仿真器的额外开销，并且可以有效提高设计的可复用性。

示例 6.7　参数化解码器的硬件描述

```
module decoder_2to4 #(
    parameter value = 2
) (
    input logic [value-1:0] sel_in,
    input enable_in,
    output logic [(1<<value)-1:0] y_out
);
```

```
always_comb y_out = (enable_in) ? (1'b1 << sel_in) : '0;
endmodule
```

上面的 RTL 代码是一个 2-4 解码器，使能信号为高有效。

6.5.2　函数在解码器中的应用

示例 6.8 中描述的解码器使用了 SystemVerilog 支持的函数调用。

示例 6.8　函数在解码器设计中的使用

```
module decoder_2to4 #(
    parameter value = 4
) (
    input logic [log2(value)-1:0] sel_in,
    input enable_in,
    output logic [(1<<value)-1:0] y_out
);
  always_comb y_out = (enable_in) ? (1'b1 << sel_in) : '0;
  function int log2(input int n);
    begin
      log2 = 0;
      n--;
      while (n > 0) begin
        log2++;
        n = 1;
      end
    end
  endfunction
endmodule
```

6.6　优先级编码器

优先级编码器具有并行的输入和并行的输出。假设有一个 4-2 优先级编码器，其真值表如表 6.5 所示，当所有的数据输入为逻辑 0 时，此时的输出无效，可以被忽略。输入端口中 data[3] 具有最高的优先级，data[0] 具有最低的优先级。

表 6.5　4-2 优先级编码器真值表

编码器输入（data_in）	输出（y_out）	输出有效（data_valid）
1XXX	11	1
01XX	10	1
001X	01	1
0001	00	1
0000	00	0

示例 6.9　优先级编码器硬件描述

```
module priority_encoder (
    output logic [1:0] y_out,
    output logic data_valid,
    input logic [3:0] data_in
);
  always_comb begin
    unique casez (data_in)
      4'b1???: {data_valid, y_out} = '1;   // 等价于 3'b111
      4'b01??: {data_valid, y_out} = 3'b110;
      4'b001?: {data_valid, y_out} = 3'b101;
      4'b0001: {data_valid, y_out} = 3'b100;
      default: {data_valid, y_out} = '0;   // 等价于 3'b000
    endcase
  end
endmodule
```

图 6.8 是对应的仿真结果。

图 6.8　优先级编码器仿真波形

6.7　总结和展望

下面是对本章要点的总结：

（1）组合逻辑电路中，输出是当前输入的函数。

（2）数据选择器具有多个输入和一个输出。

（3）数据选择器广泛用于引脚复用和地址数据复用。

（4）使用 always_comb 过程块进行组合逻辑建模可有效减少仿真器的开销。

（5）嵌套的 if-else 结构将会综合出具有优先级选择逻辑。

（6）case 语句组合出并行结构。

（7）解码器在系统设计中可用于对存储器或 IO 设备进行选择。

（8）优先级编码器在设计中可根据优先级对输入进行编码。

本章我们讨论了如何使用 SystemVerilog 进行组合逻辑设计，下一章我们将主要讨论 SystemVerilog 在时序逻辑设计中应用的示例，以及相关的设计验证策略。

第7章 SystemVerilog中的时序逻辑设计

时序逻辑设计的输出是当前输入和之前输出的函数

大家知道，时序逻辑设计中，输出对时钟跳变沿敏感，其输出是当前输入和之前输出的函数。本章将讨论使用 SystemVerilog 描述的时序逻辑设计示例，同时还会介绍 always_latch 和 always_ff 等过程块在时序逻辑设计中的应用。此外还会讨论时序逻辑建模在 ASIC 和 FPGA 设计中的应用，时序逻辑设计和综合的规则在本章也会进行介绍。本章示例将涵盖各种计数器、移位寄存器和基于时钟的算术运算单元。

7.1 使用always_latch设计锁存器

锁存器是电平敏感的，它的输出是输入、使能信号和上一次输出的函数。在 SystemVerilog 中，锁存器可以通过过程块 always_latch 进行建模。

always_latch 过程块处于有效电平时将会执行，此时期望的赋值操作才会发生。示例 7.1 是使用 SystemVerilog 描述的一个 8 位高电平敏感的锁存器设计，表 7.1 给出了该示例输入和输出之间的关系。

示例 7.1 D 锁存器的硬件描述

```
module latch_8bit (
    input latch_en,
    input [7:0] data_in,
    output reg [7:0] data_out
);
  always_latch begin
    if (latch_en) data_out <= data_in;
  end
endmodule
```

表 7.1 D 锁存器真值表

使能信号，高电平有效（enable_in）	8 位输出（y_out）
1	输出等于 data_in
0	输出没有变化，将保持之前的值

锁存器处于有效电平时相当于是透明的，即输出等于输入，图 7.1 是上例的综合结果。

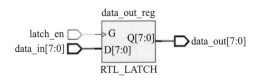

图 7.1 D 锁存器综合结果

综合指南：对锁存器建模时，使用 always_latch 过程块，当使用这些过程块建模时，意味着会综合出锁存器。

7.2 使用always_ff设计PIPO寄存器

always_ff 是 SystemVerilog 中一个很重要的结构，always_ff 过程块主要用于基于时钟的设计建模。例如，一个上升沿敏感的计数器、任何一个异部或者同步的设计中，其输出都是当前输入和之前输出的函数。

示例 7.2 是用 SystemVerilog 结构描述的过程块，由过程块 always_ff@ (posedge clk or negedge reset_n) 描述可知，该过程块对于时钟上升沿或者复位的低电平敏感。这里 "posedge" 和 "negedge" 都是关键字，分别用于表示上升沿和下降沿。

示例 7.2 8 位寄存器的硬件描述

```
module register_8bit (
    input clk,
    input reset_n,
    input [7:0] data_in,
    output reg [7:0] data_out
);
  always_ff @(posedge clk or negedge reset_n) begin
    if (~reset_n) data_out <= 8'd0;
    else data_out <= data_in;
  end
endmodule
```

下面我们来看一下这个过程块是如何执行的。当输入时钟或者复位发生变化时，即有事件被激活，则 always 过程块就会执行，该设计采用时钟上升沿和异步复位的低电平作为触发事件。

表 7.2 是输入和输出之间的关系

表 7.2   8 位寄存器的真值表

异步复位（reset_n）	上升沿时钟（clk）	数据输出（data_out）
0	X	0
1	无效边沿	之前输出数值
1	上升沿	data_in

关于复位，我们将在下一节进行讨论，图 7.2 是电路的综合结果。

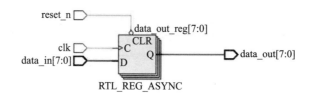

图 7.2   8 位寄存器综合结果

7.3 异步复位

在进行 ASIC 或者 FPGA 设计时，为了得到一个更好的设计结果，需要制定对应的时钟和复位策略，在 ASIC 设计中，复位和时钟树的使用有助于获得更好、更干净的时序。另外复位又分为异步复位和同步复位。

异步复位与时钟无关，但是可以对时序元件进行初始化。示例 7.3 采用了低电平有效的异步复位，如果输入的复位为低电平（注意与时钟无关），则电路的输出会被强制赋为 0 值。

示例 7.3   8 位异步复位寄存器的硬件描述

```
module register_8bit (
    input clk,
    input reset_n,
    input [7:0] data_in,
    output reg [7:0] data_out
);
  always_ff @(posedge clk or negedge reset_n) begin
    if (~reset_n) data_out <= 8'd0;
    else data_out <= data_in;
```

```
    end
endmodule
```

像示例 7.3 这样的复位，不会给复位或者数据路径引入任何额外的逻辑。设计人员唯一要关心的是复位的恢复和撤销时间，以避免时序违例的发生。

图 7.3 是对应的综合结果，在时钟上升沿和复位为高电平时，输入数据会发送给 8 位输出端口。在复位为低电平时，输出会被强制赋为 0 值。

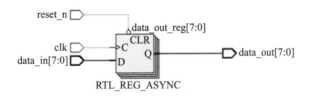

图 7.3 8 位异步复位寄存器综合结果

7.4 同步复位

在同步复位设计中，会在时钟有效沿检测复位条件。在时钟有效沿如果复位为有效电平，则此时的时序元件的输出都会被初始化为 0。

同步复位中，复位信号的检查是在 always_ff@(posedge clk) 过程块中进行的。

示例 7.4 是一个低电平复位的同步时序电路，表 7.3 给出了输入和输出之间的关系。

示例 7.4 具有同步复位的 8 位寄存器的硬件描述

```
module register_8bit (
    input clk,
    input reset_n,
    input [7:0] data_in,
    output reg [7:0] data_out
);
  always_ff @(posedge clk) begin
    if (~reset_n) data_out <= 8'd0;
    else data_out <= data_in;
  end
endmodule
```

表 7.3 同步复位寄存器真值表

同步复位（reset_n）	上升沿时钟（clk）	数据输出（data_out）
0	上升沿	0
1	无效边沿	之前输出数值
1	上升沿	data_in

图 7.4 是综合后的结果。这种类型的复位会在复位和数据路径上增加一些额外的逻辑，因此这种类型的复位电路面积相较异步复位更大些。

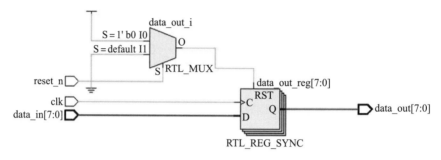

图 7.4 具有同步复位的 8 位寄存器的综合结果

7.5 可逆计数器

计数器和定时器在 ASIC 和 FPGA 中被广泛使用，它们的主要目的是获得时钟有效沿发生的真实次数。例如，在交通灯控制器中，我们就可以使用计数器结构记录某一特定时间内发生了多少个脉冲。

表 7.4 是一个可逆计数器的管脚说明。

表 7.4 可逆计数器管脚说明

端口名	说　明
clk	控制器输入时钟
reset_n	异步复位，低有效
up_down	控制管脚。当为 0 时，表示向下计数；当为 1 时，表示向上计数
q_out	计数器的 4 位输出

示例 7.5 可逆计数器硬件描述

```
module up_down_counter (
    input logicclk, reset_n, up_down,
    output logic [3:0] q_out
);
```

```
always_ff @(posedgeclk or negedge reset_n) begin
  if (~reset_n) q_out <= '0;  // 等价于 4'b0000
  else if (up_down) q_out <= q_out + 1;
  else q_out <= q_out - 1;
end
endmodule
```

图 7.5 是该计数器综合结果，可见该计数器由寄存器和组合逻辑单元组成。

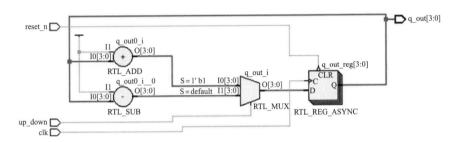

图 7.5 可逆计数器综合结果

7.6 移位寄存器

移位操作是通过移位操作符实现的，可以实现数据的左移和右移。

示例 7.6 是一个移位寄存器的硬件描述，表 7.5 是移位寄存器管脚说明。

示例 7.6 移位寄存器的硬件描述

```
module shift_register (
    input logicclk, reset_n, load_shift, right_left,
    input logic [3:0] data_in,
    output logic [3:0] q_out
);
  always_ff @(posedgeclk or negedgereset_n) begin
    if (~reset_n) q_out <= '0;  //equivalent to 4'b0000
    else if (load_shift) q_out <= data_in;
    else if (right_left) q_out <= (data_in >>> 1);
    else q_out <= (data_in << 1);
  end
endmodule
```

表 7.5　移位寄存器管脚说明

端口名	说 明
clk	计数器输入时钟
reset_n	异步复位，低有效
load_shift	该位为 1 时，数据加载入寄存器
right_left	该位为 1 时表示右移，为 0 时表示左移
q_out	计数器的 4 位输出

图 7.6 是移位寄存器的综合结果，由图可知该移位寄存器由组合逻辑和寄存器组成。

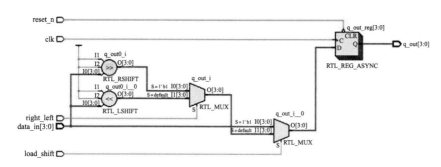

图 7.6　移位寄存器的综合结果

7.7　环形计数器

代码如示例 7.7 所示，表 7.6 是同步环形计数器预设的序列，对应的管脚如表 7.7 所示。

示例 7.7　环形计数器 RTL 代码

```
module ring_counter (
    input logicclk, reset_n, load_in,
    input logic [3:0] data_in,
    output logic [3:0] q_out
);
  always_ff @(posedge clk or negedge reset_n) begin
    if (~reset_n) q_out <= '0;  // 等价于 4'b0000
    else if (load_in) q_out <= data_in;
    else q_out <= {q_out[0], q_out[3:1]};
  end
endmodule
```

表 7.6 环形计数器状态表

当前状态	下一状态
1000	0100
0100	0010
0010	0001
0001	1000

表 7.7 环形计数器管脚说明

端口名	说 明
clk	计数器输入时钟
reset_n	异步复位，低有效
load_in	该位为 1 时，数据加载入计数器
data_in	4 位并行输入数据
q_out	环形计数器 4 位并行输出

图 7.7 是环形计数器综合结果，从图中我们可以看到，该计数器中包括移位寄存器和组合逻辑选择器。

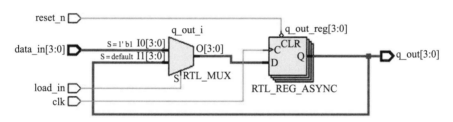

图 7.7 环形计数器综合结果

环形计数器对应的仿真结果如图 7.8 所示。

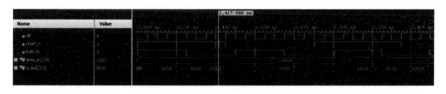

图 7.8 仿真结果波形图

7.8 约翰逊计数器

同步扭环形计数器也叫约翰逊计数器，按照表 7.8 所示的预制序列进行计数。

表7.8 约翰逊计数器状态表

当前状态	下一状态
0000	1000
1000	1100
1100	1110
1110	1111
1111	0111
0111	0011
0011	0001
0001	0000

表 7.9 是约翰逊计数器管脚说明。示例 7.8 是约翰逊计数器的硬件描述

表7.9 约翰逊计数器管脚说明

端口名	说　明
clk	计数器输入时钟
reset_n	异步复位，低有效
load_in	该位为 1 时，数据加载入计数器
data_in	4 位并行输入数据
q_out	约翰逊计数器 4 位并行输出

示例 7.8　约翰逊计数器硬件描述

```
module Johnson_counter (
    input logicclk, reset_n, load_in,
    input logic [3:0] data_in,
    output logic [3:0] q_out
);
  always_ff @(posedge clk or negedgereset_n) begin
    if (~reset_n) q_out <= '0;   //equivalent to 4'b0000
    else if (load_in) q_out <= data_in;
    else q_out <= {~q_out[0], q_out[3:1]};
  end
endmodule
```

从图 7.9 可以看出上述代码综合的结果中包含了移位寄存器和组合逻辑，仿真的波形如图 7.10 所示。

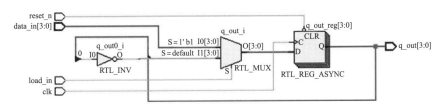

图 7.9 约翰逊计数器综合结果

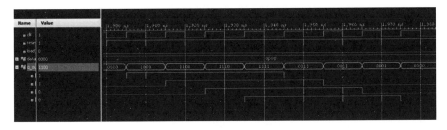

图 7.10 约翰逊计数器仿真波形

7.9 基于时钟的算术运算单元的RTL实现

现在，我们使用 always_ff 过程块设计一个 4 位算术运算单元，可以实现加法、减法、加 1 和减 1 操作。大家知道处理器一次只能处理一种操作，但是我们可以使用一种使用更少资源并且可综合出并行逻辑的高效算术运算单元来实现。

为了构建这样的设计，我们可以使用被寄存器缓存的输出。因为该设计的所有运算都是基于时钟有效沿进行的，所以这种类型设计是一种基于时钟的算术运算单元。

表 7.10 给出了该算术运算单元设计所实现的运算操作。

表 7.10 基于时钟的算术运算单元真值表

操作码（op_code）	操 作
00	Add(a_in,b_in)
01	Sub(a_in,b_in)
10	Increment(a_in,b_in)
11	Decrement(a_in,b_in)

示例 7.9 是使用 always_ff 过程块和 case 结构实现的算术运算单元设计的硬件描述。

示例 7.9 基于时钟的算术运算单元

```
module arithmetic_unit (
    input clk,
    input [1:0] op_code,
    input [3:0] a_in, b_in,
    output reg [3:0] result_out,
    output reg carry_out
);
    always_ff @(posedge clk)
    case (op_code)
        2'd0: {carry_out, result_out} <= a_in + b_in;
        2'd1: {carry_out, result_out} <= a_in - b_in;
        2'd2: {carry_out, result_out} <= a_in + 1'b1;
        default: {carry_out, result_out} <= a_in - 1'b1;
    endcase
endmodule
```

示例中，case 语句结构是一种顺序结构，包含在 always_ff 过程块中，不同的操作码会匹配不同的 case 条件表达式，从而实现一种并行的逻辑结构。

因为我们没有对 RTL 代码进行调整使其占用尽可能少的资源，所以该设计占用的面积比较大。如果要优化资源，使设计面积尽可能小，可以参考本书第 8 章的综合指南。

基于时钟的算术运算单元的综合结果如图 7.11 所示，其输出通过寄存器缓存，数据选择器实现了对于不同操作结果的选择。算术运算单元使用加法器和减法器作为基础实现了加、减、加 1 和减 1 操作。

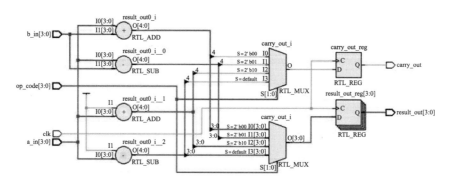

图 7.11 基于时钟算术运算单元综合结果

这类设计还可以进行进一步的资源优化，例如可以指定寄存器输入边界以获得干净的时序等，在下面的章节中，我们也将进一步讨论相关的优化策略。

测试平台采用了不可综合的结构（示例 7.10），可以产生时钟和其他输入信号，测试用例可以被记录下来，同时可以用来驱动待测设计（DUT）。

测试平台中的时钟来自于语句 "always #10 clk <= !clk"，在该过程块中，产生时钟周期为 20ns 的 50MHz 时钟。

然后其他输入 a_in、b_in 和 op_code 等被驱动，并且使用系统任务 $monitor 对结果进行监测。

示例 7.10　基于时钟的算术运算单元的测试平台

```verilog
module test_arithmetic_unit ();
  reg clk;
  reg [1:0] op_code;
  reg [3:0] a_in, b_in;
  wire [3:0] result_out;
  wire carry_out;
  arithmetic_unit DUT (
      .clk(clk),
      .op_code(op_code),   // 常量函数
      .a_in(a_in),
      .b_in(b_in),
      .result_out(result_out),
      .carry_out(carry_out)
  );
  // 时钟周期为 20ns
  always #10 clk <= !clk;
  // 初始化
  initial begin
    clk = 0;
    op_code = 2'd0;
    a_in = 4'd0;
    b_in = 4'd0;
    #10 op_code = 2'd1;
    a_in = 4'd5;
```

```
        b_in = 4'd5;
        #40 op_code = 2'd0;
        a_in = 4'd5;
        b_in = 4'd5;
        #20 op_code = 2'd2;
        a_in = 4'd5;
        b_in = 4'd5;
        #40 op_code = 2'd3;
        a_in = 4'd5;
        b_in = 4'd5;
        //200 个时间单位后, 仿真结束
        #200 $finish;
    end
    // 监测结果
    always @(negedge clk)
        $monitor("time=%3d, op_code=%d, a_in=%d, b_in=%d,
                result_out=%d, carry_out=%d", $time, op_code,
                a_in, b_in, result_out, carry_out
        );
endmodule
```

仿真波形如图 7.12 所示, 图中显示了相关的输入和输出信号在时钟有效沿的波形。

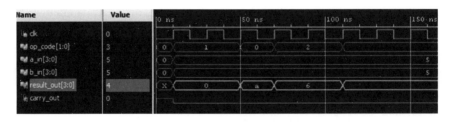

图 7.12 基于时钟的算术运算单元波形

下面是通过系统任务 $monitor 监测到的相关文本信息。

```
Time resolution is 1 ps
time=0,op_code=0,a_in=0,b_in=0,result_out=x,carry_out=x
time=10,op_code=1,a_in=5,b_in=5,result_out=0,carry_out=0
time=50,op_code=0,a_in=5,b_in=5,result_out=10,carry_out=0
```

```
time=70,op_code=2,a_in=5,b_in=5,result_out=6,carry_out=0
time=110,op_code=3,a_in=5,b_in=5,result_out=4,carry_out=0
```

7.10 基于时钟的逻辑运算单元的RTL实现

使用 SystemVerilog 可以有效实现 OR、XOR、NOT 和 AND 等逻辑操作。

表 7.11 给出 4 位逻辑运算单元实现的操作。

表 7.11 基于时钟的逻辑运算单元真值表

操作码（op_code）	操 作
00	OR（a_in,b_in）
01	XOR（a_in,b_in）
10	AND（a_in,b_in）
11	NOT（a_in）

示例 7.11 是 4 位逻辑运算单元实现的各种操作的硬件描述。

示例 7.11　4 位逻辑运算单元的 RTL 描述

```
module logic_unit (
    input clk,
    input [1:0] op_code,
    input [3:0] a_in, b_in,
    output reg [3:0] result_out
);
  always_ff @(posedge clk)
    case (op_code)
      2'd0: result_out <= a_in | b_in;
      2'd1: result_out <= a_in ^ b_in;
      2'd2: result_out <= a_in & b_in;
      default: result_out <= ~a_in;
    endcase
endmodule
```

图 7.13 给出逻辑运算单元的综合结果，其输出被寄存器缓存，选择器逻辑实现期望操作的选择。

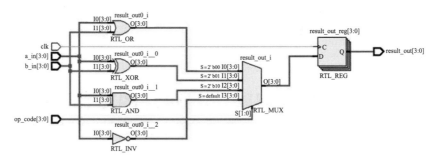

图 7.13 逻辑运算单元的综合结果

综合指南：使用 always_ff 对基于时钟的设计进行建模，可以实现较好的时钟边界。

7.11　总结和展望

下面是对本章要点的总结：

（1）时序逻辑设计中输出是当前输入和之前输出的函数。

（2）锁存器是电平敏感的，在有效电平时是透明的。

（3）触发器是边沿敏感的，数据只有在时钟有效沿才会被采样。

（4）使用 always_latch 的过程块会综合出锁存器。

（5）使用 always_ff 的过程块会综合出寄存器。

（6）异步复位电路中，输出的初始化与时钟有效沿无关，具有较小的电路面积。

（7）同步复位电路中，输出的初始化发生在时钟有效沿，会占用更多的面积，同时会在复位路径和数据路径增加额外的逻辑。

本章我们讨论了 SystemVerilog 在时序逻辑设计中的应用示例，下一章我们将重点讨论 RTL 设计和综合指南，以及使用 SystemVerilog 的一些重要场景。

第8章　RTL设计和综合指南

为了得到高效的设计，建议设计时采用可综合的设计规则

随着设计复杂度的不断提高，ASIC 设计和验证在过去的十年中成为最耗时的环节，因此建议在 ASIC 或者 FPGA 的设计环节引入设计和综合指南。本章讨论了 RTL 设计和综合指南以及使用 SystemVerilog 的一些重要应用设计场景。本章有助于读者加深对 unique、priority if-else 和 case 这些结构的理解，并了解这些结构在设计建模中的应用。

大多数公司的设计团队在进行 RTL 设计时都有一套自己的规则指南，而 ASIC 和 FPGA 设计因为各自特殊的资源需求，所以，两者在设计上有很多的不同。面对这样的情况，设计团队只有严格遵循设计规则进行 RTL 设计，才能获得较好的面积、速度和功耗。

FPGA 综合工具会依据 RTL 设计文件（.sv）推断出 FPGA 所特有的一些硬件资源，例如 LUT、寄存器、CLB、IOB、BRAM 和其他的时钟复位逻辑，也正是因为 FPGA 综合的这个特点，使得 FPGA 的综合与 ASIC 的综合差别还是比较大的。

在 ASIC 设计中，设计团队的目标是使用特定工艺的单元库、标准单元库和宏完成设计综合的目标，并且在 ASIC 设计的过程中，我们经常会使用门控时钟和存储体等。而对于基于 FPGA 的设计，我们就需要对门控时钟和存储体的 RTL 设计进行调整，来实现其在 FPGA 中的等价设计。

鉴于上述这些原因，设计团队需要更好地理解设计代码综合后对应的硬件，还必须能够使用 SystemVerilog 的语法结构实现对应的 RTL 代码设计。下面几节，我们将对使用 SystemVerilog 结构实现可综合的 RTL 设计的设计规则进行介绍。

8.1 RTL设计规则

在设计阶段，为了获得更好的设计结果，设计团队需要遵守相应的 RTL 设计规则，下面给出一些可以获得较好综合结果的设计规则：

（1）使用 SystemVerilog 中高效的结构构建模块化的设计，取代庞大的设计，养成模块化设计习惯。

（2）采用可读性高的命名方式对端口、中间线网、参数等进行命名，命名时可以参考表 8.1 中的命名方式。

（3）为了提高代码的可读性，给过程块增加标签。

表 8.1　命名方式

线网或者接口	命名方式
系统时钟	system_clk
主机时钟	master_clk
从机时钟	slave_clk
模块时钟	clk
数据输入	data_in,enable_in,load_in
低电平有效的异步复位	reset_n
低电平有效的同步复位	reset_n_sync
主机复位	reset_n_master
设计输出	data_out
状态定义	present_state,next_state

（4）使用参数化设计，修改访问参数，从而提高设计的可读性。

（5）在头文件中增加 "`define 宏名" 宏定义，所有的头文件应该放在与 RTL 设计文件相同的文件夹中。

（6）使用 always_comb 过程块进行组合逻辑建模。

（7）使用 always_latch 过程块进行 latch 建模。

（8）使用 always_ff 过程块对基于时钟的设计进行建模。

（9）使用 if-else 或者嵌套 if-else 结构时，要覆盖所有分支条件，避免产生不期望的锁存器。

（10）使用 case-endcase 时，要覆盖所有 case 分支条件，如果存在不确定的分支条件，要使用 default 分支。

（11）当 case 条件分支多于 16 个时，要将该 case 结构改为多个 case 结构，从而提高面积利用率和设计代码的可读性。

（12）使用阻塞赋值（=）进行组合逻辑设计；使用非阻塞赋值（<=）进行时序逻辑设计。

（13）在 RTL 设计中使用可综合的结构；在测试平台中可以使用不可综合的结构。

（14）引入资源共享的概念，对于公共资源实现资源共享以减少面积。

（15）采用流水线和寄存器均衡技术，提高设计速度。

（16）使用门控时钟减少动态功耗，在基于 FPGA 的设计中需要对门控时钟进行转换。

8.2　不完全条件case语句

如果在 case-endcase 结构中，没有覆盖 case 的所有分支，设计可能会综合出锁存器。

示例 8.1 是使用 SystemVerilog 描述的 RTL 设计，其中没有指定 2'b11 分支的赋值情况，所以综合工具对于这种情况将无法理解和处理，此时会将输出之前的值保持不变。像这种存在 case 条件缺失的情况，综合时会综合出锁存器，该例的综合结果如图 8.1 所示。

示例 8.1　不完全条件 case 语句的 RTL 描述

```
module non_full_case (
    input logic [1:0] sel_in,
    input a_in, b_in, c_in,
    output logic y_out
);
  always_comb begin : decode_block
    decoder_logic :
    case (sel_in)
      2'b00: y_out = a_in;
      2'b01: y_out = b_in;
      2'b10: y_out = c_in;
    endcase
```

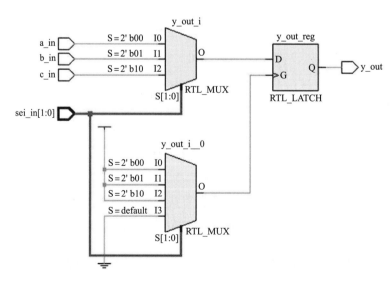

图 8.1　示例 8.1 综合结果

```
    end : decode_block
endmodule
```

8.3 全条件case语句

当时用 case-endcase 语句时，必须涵盖所有的 case 条件。如果所有的条件没有被覆盖完，那么将会综合出不期望的锁存器；如果不是所有条件都是确定的，那么设计人员就要使用 default 语句覆盖其他不确定的条件分支。

示例 8.2 是一个使用 case-endcase 描述的四选一选择器。对于设计中选择输入为 2'b11 时，会执行 y_out=d_in。因为设计中使用了 default 语句，所以综合后的逻辑如图 8.2 所示，不会产生锁存器。

示例 8.2　全条件 case 语句的 RTL 描述

```
module full_case (
    input logic [1:0] sel_in,
    input a_in, b_in, c_in, d_in,
    output logic y_out
);
  always_comb begin : mux_logic
    case (sel_in)
      2'b00:   y_out = a_in;
      2'b01:   y_out = b_in;
      2'b10:   y_out = c_in;
      default: y_out = d_in;
    endcase
  end : mux_logic
endmodule
```

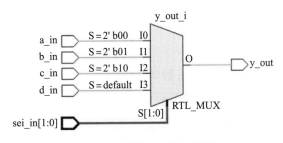

图 8.2　示例 8.2 综合结果

8.4 synopsys full_case编译命令

示例 8.3 使用 always_comb 过程块描述了一个选择器,其中的 case 语句只有三个 case 选项分支,并且代码中使用了"synopsys full_case"编译命令。因为代码中使用了"synopsys full_case"编译命令,所以图 8.3 所示的综合结果中没有出现不期望的锁存器,而是出现了期望的数据选择器。

示例 8.3 使用 synopsys full_case 编译命令的 RTL 描述

```
module full_case (
    input logic [1:0] sel_in,
    input a_in, b_in, c_in,
    output logic y_out
);
  always_comb begin : mux_logic
    case (sel_in)  //synopsys full_case
      2'b00: y_out = a_in;
      2'b01: y_out = b_in;
      2'b10: y_out = c_in;
    endcase
  end : mux_logic
endmodule
```

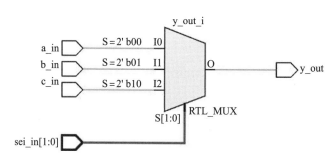

图 8.3 示例 8.3 的综合结果

8.5 unique case语句

unique case 指定了 case 语句的条件分支中一次只能有一个分支的值匹配为真。使用 unique case 时,因为所有的分支项是并行进行选择的,所以分支项出现的先后顺序并不是很重要。但是使用 unique case 有一点很重要，那就是分支项不能有重复的选项，并且能够并行解析条件。

如果分支项中有多个分支项同时匹配 case 表达式，那么将会产生错误信息。但是如果使用关键字 unique()，则不会产生错误。unique 和 unique() 也可以用于 casex 和 casez 语句。

示例 8.4 使用 unique case 语句的选择器的 RTL 描述

```
module unique_case (
    input logic [1:0] sel_in,
    input a_in, b_in, c_in, d_in,
    output logic y_out
);
  always_comb begin
    unique case (sel_in)
      2'b10: y_out = c_in;
      2'b00: y_out = a_in;
      2'b01: y_out = b_in;
      2'b11: y_out = d_in;
    endcase
  end
endmodule
```

示例 8.4 的综合结果如图 8.4 所示。

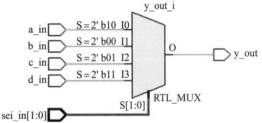

图 8.4 示例 8.4 综合结果

8.6 casez语句

正如大家了解的那样，casez 语句主要用于条件分支包含不关心状态和 z 状态，所以此时如果有多个重复的分支条件存在，工具也不会报编译错误，但是这种处理方式可能会导致潜在的问题，那就是仿真与综合结果不一致。所以使用 casez 语句时一定要注意。

示例 8.5 使用 casez 语句的选择器的 RTL 描述

```
module casez_mux (
    input logic [1:0] sel_in,
```

```
    input a_in, b_in, c_in, d_in,
    output logic y_out
);
  always_comb begin
    casez (sel_in)
      2'b1?: y_out = c_in;
      2'b0?: y_out = a_in;
      2'b?0: y_out = b_in;
      2'b?1: y_out = d_in;
    endcase
  end
endmodule
```

上述代码综合结果如图 8.5 所示，因为存在多个重复条件 "2'b?0:y_out=b_In;2'b?！:y_out=d_in;"，所以输入 b_in 和 d_in 悬空，设计会有潜在风险。

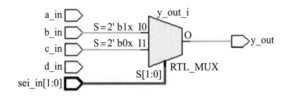

图 8.5　示例 8.5 综合结果

综合指南：如果在 casez 语句中使用 unique，重复条件分支是不允许出现的，否则工具将会产生错误信息。所以建议 unique case 必须列出所有的分支条件。

8.7　priority case语句

在 SystemVerilog 中可以使用 unique case 或者 priority case 进行解码器设计。

priority case 语句表示至少有一个分支项与 case 表达式的值匹配，如果有多个分支项与 case 表达式的值匹配，那么第一个匹配的分支将会被执行。

关键字 priority 不仅可以用于 case，也可以用于 casez 和 casex。

示例 8.6 使用 priority case 语句描述了一个解码器，这个解码器的输入由选择信号和高电平的使能信号组成。从代码中可以看到，分支并没有覆盖所有条件，这样的描述将会导致仿真和综合结果不一致。

示例 8.6 使用 priority case 语句的解码器的 RTL 描述

```
module dec_2to4 (
    input logic [1:0] sel_in,
    input enable_in,
    output logic [3:0] y_out
);
  always_comb begin : priority_logic
    y_out = '0;
    priority case ({enable_in, sel_in})
      3'b1_00: y_out[sel_in] = 1'b1;
      3'b1_01: y_out[sel_in] = 1'b1;
      3'b1_10: y_out[sel_in] = 1'b1;
      3'b1_11: y_out[sel_in] = 1'b1;
    endcase
  end : priority_logic
endmodule
```

上述示例的综合结果如图 8.6 所示，从综合结果上可以看出输入 enable_in 被悬空处理了。

综合指南：使用 priority case 时一定要注意 case 语句的分支项的条件和 case 表达式的值，并且分支项尽可能覆盖 case 表达式所有可能值。

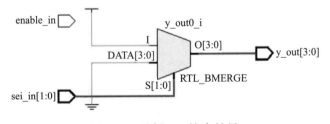

图 8.6 示例 8.6 综合结果

8.8 unique if-else语句

使用 unique if-else 语句后，所有的条件分支将会被并行解析，因为在结构中使用了 unique，所以条件分支出现的先后顺序将不再重要。也正因为这样，综合后的逻辑将会是并行逻辑结构。

但是在使用 unique if-else 语句时有一点需要注意，就是 case 的分支项不能存在重复项。

示例 8.7 是使用 unique if-else 描述的一个选择器的 RTL 代码。

示例 8.7 unique if-else 描述的选择器的 RTL 代码

```
module unique_if_mux (
    input logic [1:0] sel_in,
    input a_in, b_in, c_in,
    output logic y_out
);
  always_comb begin
    unique if (sel_in == 2'b00) y_out = a_in;
    else if (sel_in == 2'b01) y_out = b_in;
    else if (sel_in == 2'b10) y_out = c_in;
  end
endmodule
```

上述代码综合后的结果如图 8.7 所示。

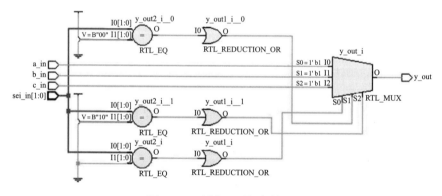

图 8.7 示例 8.7 综合结果

8.9 使用synopsys full_case编译命令的解码器

如果在使用 synopsys full_case 编译命令的 case 语句中，条件分支没有覆盖所有的 case 条件，那么推断综合出的逻辑将与仿真不匹配。示例 8.8 是一个

2:4 解码器的描述，其中也没有使用 default 作为缺省分支，该电路综合后的结果中 enable_in 将会被悬空。

示例 8.8 使用 synopsys full_case 编译命令的解码器的 RTL 描述

```
module dec_2to4 (
    input logic [1:0] sel_in,
    input enable_in,
    output logic [3:0] y_out
);
  always_comb begin : full_case
    y_out = '0;
    case ({enable_in, sel_in})  //synopsys full_case
      3'b1_00: y_out[sel_in] = 1'b1;
      3'b1_01: y_out[sel_in] = 1'b1;
      3'b1_10: y_out[sel_in] = 1'b1;
      3'b1_11: y_out[sel_in] = 1'b1;
    endcase
  end : full_case
endmodule
```

8.10 priority if语句

正如前面所讨论的那样，priority 结构会按照顺序解析并推断优先级逻辑，所以在使用 priority if 时，一定要注意分支出现的顺序。

使用 priority if 结构进行设计时，建议覆盖所有的可能情况。示例 8.9 是一个优先级编码器的示例。

示例 8.9 使用 priority if 描述的优先级编码器的 RTL 描述

```
module priority_encoder (
    input  logic [3:0] sel_in,
    output logic [3:0] y_out
);
  always_comb begin
    priority if (sel_in[0]) y_out = 4'b0001;
```

```
      else if (sel_in[1]) y_out = 4'b0010;
      else if (sel_in[2]) y_out = 4'b0100;
      else if (sel_in[3]) y_out = 4'b1000;
   end
endmodule
```

该示例的综合结果如图 8.8 所示。

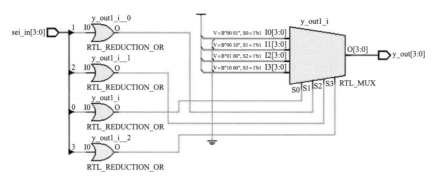

图 8.8 示例 8.9 的综合结果

8.11 使用priority case或者 synopsys full_case时综合注意事项

如果在没有覆盖所有 case 条件的 case 语句结构中使用 priority case 或者 synopsys full_case 编译命令，那么综合出来的电路中输入将会被悬空，有些综合工具或者仿真工具还会产生警告信息。因此建议使用 default 覆盖所有确实的分支条件，从而获得正确的综合结果，但是此时原有的 priority case 或者 full_case 将会被覆盖。

示例 8.10 使用 synopsys full_case 的解码器的 RTL 代码

```
module dec_2to4 (
    input logic [1:0] sel_in,
    input enable_in,
    output logic [3:0] y_out
);
    always_comb begin : decoder_logic
        y_out = '0;
        case ({enable_in, sel_in})  //synopsys full_case
```

```
    3'b1_00: y_out[sel_in] = 1'b1;

    3'b1_01: y_out[sel_in] = 1'b1;

    3'b1_10: y_out[sel_in] = 1'b1;

    3'b1_11: y_out[sel_in] = 1'b1;

    default: y_out[sel_in] = 1'b0;

  endcase

  end : decoder_logic

endmodule
```

图 8.9 是示例 8.10 的综合结果，可以看到获得了正确期望的结果，此时也就不会出现仿真结果与综合结果不同的情况了。

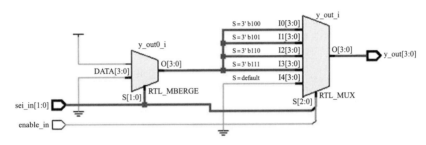

图 8.9 示例 8.10 的综合结果

8.12 时钟产生

在大多数设计中，我们需要根据设计需求自己生成时钟。例如，我们有一个 clk=100MHz 的系统时钟，希望得到一个时钟 clk_out，在这种情况下，我们可以像示例 8.11 那样使用 SystemVerilog 实现这个时钟生成的功能，并且从代码中可以看到，这种类型设计本身就是一种同步设计。

示例 8.11 生成时钟的 RTL 描述

```
module generated_clock (
    input a_in, b_in, clk,
    output logic clk_out
);
  logic tmp_clk;
  always_ff @(posedge clk) begin : temp_clock
    tmp_clk <= a_in;
  end : temp_clock
```

```
always_ff @(posedge tmp_clk) begin : clock_output
    clk_out <= b_in;
  end : clock_output
endmodule
```

示例 8.11 综合的结果如图 8.10 所示，可见该设计中使用了上升沿触发的触发器，这类电路设计的传播延迟为 n*tpff，其中 n 为触发器个数，tpff 为触发器的传播延迟。

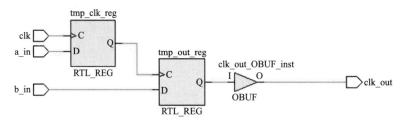

图 8.10　示例 8.11 综合结果

8.13　门控时钟

电路中时钟的不停切换会导致电路功耗过高，因此，在进行设计时仅在一些特定的时间区间使能时钟，这样可以有效减小动态功耗。示例 8.12 是通过 SystemVerilog 描述的一个门控时钟的示例。

示例 8.12　门控时钟的 RTL 描述

```
module gated_clock (
    input d_in, enable_in, clk,
    output logic q_out
);
  logic clock_gate;
  assign clock_gate = clk & enable_in;
  always_ff @(posedge clock_gate) begin : clock_gating
    q_out <= d_in;
  end : clock_gating
endmodule
```

示例 8.12 的综合结果如图 8.11 所示，采用了门控时钟输入。其中 "clock_gate=clk & enable_in;" 实现了对时钟的门控。然而这种产生机制有个小问题，就是会存在毛刺，为此，一般可以通过使用专用的低功耗门控单元来消除。

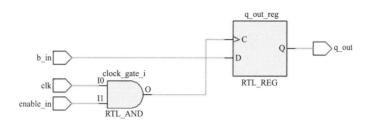

图 8.11 示例 8.12 综合结果

8.14 多时钟产生器

当既要使用 posedge 又要使用 negedge 产生时钟时，建议分别用不同的过程块进行描述。示例 8.13 使用了多个不同的过程块用于产生不同的时钟。

示例 8.13 多时钟产生器的 RTL 描述

```
module clock_generation (
    input clk_1, clk_2, a_in, b_in, c_in,
    output logic clk1_out, clk2_out
);
  always_ff @(posedge clk_1) clk1_out <= a_in & b_in;
  always_ff @(negedge clk_2) clk2_out <= b_in ^ c_in;
endmodule
```

图 8.12 是对应的综合结果，其中包含的触发器分别对时钟的上升沿和下降沿敏感。

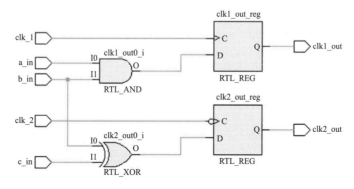

图 8.12 示例 8.13 综合结果

8.15 多相时钟

示例 8.14 是一个使用 SystemVerilog 描述的多相时钟电路模型，这个设计中使用了多个过程块，一个过程块对时钟上升沿敏感，一个过程块对时钟下降沿敏感。

示例 8.14 多相时钟的 RTL 描述

```
module multi_phase_clk (
    input a_in, b_in, clk,
    output logic clk_out
);
  logic tmp_out;
  always_ff @(posedge clk) clk_out <= tmp_out & b_in;
  always_ff @(negedge clk) tmp_out <= a_in | b_in;
endmodule
```

图 8.13 是示例 8.14 的综合结果，其中具有级联的逻辑结构。但是这里建议避免使用这种逻辑，因为这种设计方式会在设计中插入时钟网络延迟。

下面给出一些在时序电路设计中比较有用的设计规则：

（1）使用单一的全局时钟。

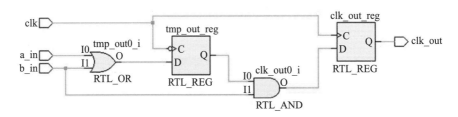

图 8.13 示例 8.14 综合结果

（2）避免使用门控时钟。

（3）避免混合使用正负边触发的触发器。

（4）避免使用内部产生的时钟信号。

（5）避免使用纹波计数器和异步时钟分频。

8.16 优化面积

正如我们所知，面积是 ASIC 和 FPGA 设计的主要制约因素之一，而面积约束主要指的是电路中使用的逻辑门或者逻辑单元的数量。绝大多数的综合工具会通过优化改进设计面积的使用情况。而在 RTL 阶段，我们可以通过资源共享实现面积资源的优化。

示例 8.15 实现了表 8.2 中描述的各种操作。

示例 8.15 没有资源共享的乘法器的 RTL 描述

```
module non_resource_sharing (
    input a_in, b_in, c_in, d_in, e_in, f_in,
    input [1:0] sel_in,
    output logic q1_out, q2_out
);
  always_comb begin : multiplier_0
    if (sel_in[0]) q1_out = a_in * b_in;
    else q1_out = c_in * d_in;
  end : multiplier_0
  always_comb begin : multiplier_1
    if (sel_in[1]) q2_out = e_in * f_in;
    else q2_out = a_in * b_in;
  end : multiplier_1
endmodule
```

表 8.2 乘法器实现的操作

条 件	操 作
sel_in[0]=1	q1_out=a_in * b_in
sel_in[0]=0	q1_out=c_in * d_in
sel_in[1]=1	q2_out=e_in * f_in
sel_in[1]=0	q2_out=a_in * b_in

图 8.14 是示例 8.15 的综合结果，电路的输入端使用了乘法器，在输出端使用了选择器。这样设计的问题是多个乘法器的使用会使电路面积成倍增加。为此，我们可以考虑使用资源共享的方法减小面积。

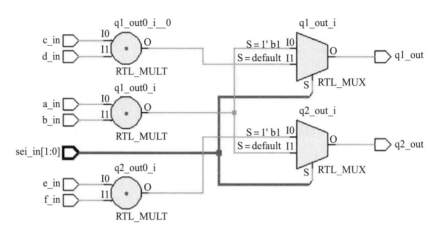

图 8.14 示例 8.15 综合结果

设计中，乘法器可以作为公共资源实现共享，从而减小设计面积。在这个设计中，我们可以使乘法器靠近输出端，而让选择器（选择逻辑）靠近输入端。为此，我们需要对 RTL 代码进行调整，调整策略参考表 8.3。

表 8.3 间接赋值实现资源共享

条 件	操 作
sel_in[0]=1	tmp_1=a_in
	tmp_2=b_in
sel_in[0]=0	tmp_1=c_in
	tmp_2=d_in
sel_in[1]=1	tmp_3=e_in
	tmp_4=f_in
sel_in[1]=0	tmp_3=a_in
	tmp_4=b_in

示例 8.16 是使用 SystemVerilog 结构实现的代码，其中使用了多个 always_comb 过程块实现了设计要求。

示例 8.16 资源共享的乘法器的 RTL 描述

```
module resource_sharing (
    input a_in, b_in, c_in, d_in, e_in, f_in,
    input [1:0] sel_in,
    output logic q1_out, q2_out
);
  logic tmp_1, tmp_2, tmp_3, tmp_4;
  always_comb begin : resource_sharing_0
    if (sel_in[0]) begin
```

```
      tmp_1 = a_in;
      tmp_2 = b_in;
    end else begin
      tmp_1 = c_in;
      tmp_2 = d_in;
    end
  end : resource_sharing_0
  always_comb begin : resource_sharing_1
    if (sel_in[0]) begin
      tmp_3 = e_in;
      tmp_4 = f_in;
    end else begin
      tmp_3 = a_in;
      tmp_4 = b_in;
    end
  end : resource_sharing_1
  assign q1_out = tmp_1 * tmp_2;
  assign q2_out = tmp_3 * tmp_4;
endmodule
```

图 8.15 是示例 8.16 的综合结果，正如前面说到的资源共享策略，公共资源乘法器更靠近输出端，而选择逻辑靠近输入端。

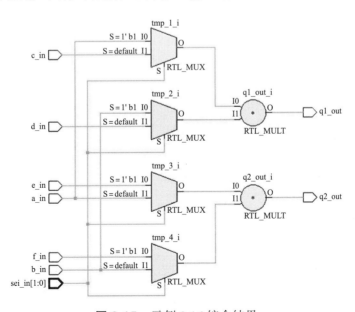

图 8.15　示例 8.16 综合结果

8.17 提升速度

设计的速度是另一个重要的优化对象。一个设计的最大工作频率是由寄存器到寄存器的路径决定的。寄存器到寄存器之间路径的组合延迟越大，获得所需数据的时间也就越长。

如示例 8.17 所示，其中语句使用了 AND-OR 逻辑结构，如下：

```
assign q1_out=reg_a_in & reg_b_in;
assign q2_out=reg_c_in & reg_d_in;
assign q3_out=q1_out | q2_out;
```

因为寄存器之间的组合逻辑延迟的限制，从而导致电路频率降低。

示例 8.17 没有采用流水线的 RTL 描述

```
module non_pipelined_design (
    input a_in, b_in, c_in, d_in, clk,
    output logic q_out
);
  logic q1_out, q2_out, q3_out, reg_a_in, reg_b_in, reg_c_in,
    reg_d_in;
  always_ff @(posedge clk) begin : registered_inputs
    reg_a_in <= a_in;
    reg_b_in <= b_in;
    reg_c_in <= c_in;
    reg_d_in <= d_in;
  end : registered_inputs
  assign q1_out = reg_a_in & reg_b_in;
  assign q2_out = reg_c_in & reg_d_in;
  assign q3_out = q1_out | q2_out;
  always_ff @(posedge clk) begin : register_logic
    q_out <= q3_out;
  end : register_logic
endmodule
```

图 8.16 是示例 8.17 的综合结果，寄存器与寄存器之间是级联的组合逻辑。如果每一个门的延迟为 1ns，那么总的组合逻辑的延迟就是 2ns。到达时间

(AT) 为 tpff+tcombo，所需时间 (RT) 为 Tclk-tsu，所以，电路的时钟周期就是 Tclk=tpff+tcombo+tsu。

通过采用流水线方法后，设计的速度可以得到明显提升。为此，在设计中我们通过增加流水线寄存器将组合逻辑拆分来实现。示例 8.18 是使用 SystemVerilog 过程块 always_ff 描述的流水线操作。

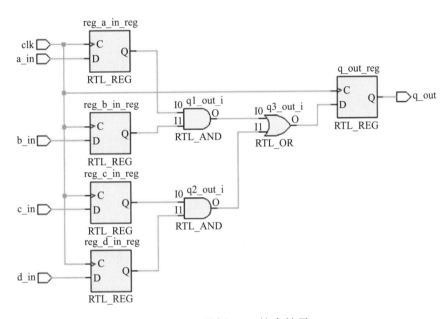

图 8.16 示例 8.17 综合结果

示例 8.18 采用流水线逻辑的 RTL 描述

```
module pipelined_design (
    input a_in, b_in, c_in, d_in, clk,
    output logic q_out
);
    logic q1_out, q2_out, reg_a_in, reg_b_in, reg_c_in,
    reg_d_in, pipe_q1_out, pipe_q2_out;
    always_ff @(posedge clk) begin : registered_inputs
        reg_a_in <= a_in;
        reg_b_in <= b_in;
        reg_c_in <= c_in;
        reg_d_in <= d_in;
    end : registered_inputs
    assign q1_out = reg_a_in & reg_b_in;
```

```
   assign q2_out = reg_c_in & reg_d_in;
   always_ff @(posedge clk) begin : pipelined_register_1
     pipe_q1_out <= q1_out;
     pipe_q2_out <= q2_out;
   end : pipelined_register_1
   always_ff @(posedge clk) begin : pipelined_register_2
     q_out <= pipe_q1_out | pipe_q2_out;
   end : pipelined_register_2
endmodule
```

图 8.17 是示例 8.18 对应的综合结果，其中包含了推断的流水线寄存器逻辑。

由于采用了流水线逻辑，寄存器之间组合逻辑延迟减小，所以寄存器之间的延迟值也有所减小。通过这样的方式可以提高设计的整体工作频率。但是，由于流水线部分的加入，增加了额外的触发器。

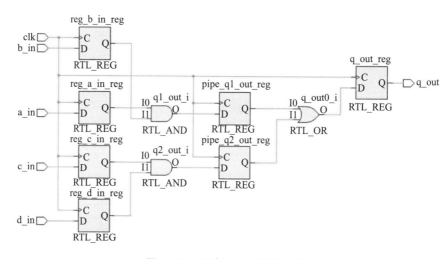

图 8.17 示例 8.18 综合结果

8.18 功耗的改进和优化

功耗是另一个重要的优化对象。对于任何的设计，我们都需要考虑它们的静态功耗和动态功耗（关于功耗约束的详细讨论本书暂不涉及）。如前面章节讨论的那样，门控时钟可以有效减小动态功耗，但是正如 8.14 节提到的，这种方式容易产生不期望的毛刺。

图 8.18 采用了专用时钟门控单元，可以避免时钟网络中毛刺的出现。

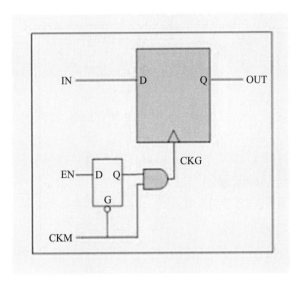

图 8.18 ASIC 时钟门控单元

示例 8.19 描述的设计采用了门控时钟。

示例 8.19 采用门控时钟的 RTL 设计

```
module clock_gating_cell (
    input d_in, enable_in, clk,
    output logic q_out
);
  logic gate_clock, q1_out;
  always_latch begin : tmp_enable
    if (~clk) q1_out <= enable_in;
  end : tmp_enable
  assign gate_clock = q1_out && clk;
  always_ff @(posedge gate_clock) begin : register
    q_out <= d_in;
  end : register
endmodule
```

图 8.19 是门控时间单元逻辑的综合结果。

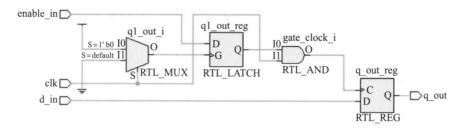

图 8.19 示例 8.19 综合结果

8.19 总结和展望

下面是对本章要点的总结:

(1)使用 always_comb 过程块进行组合逻辑建模。

(2)使用 always_latch 过程块进行锁存器建模。

(3)使用 always_ff 过程块进行基于时钟的逻辑建模。

(4)在 unique case 语句中,条件分支一次只能有一个分支的值匹配为真。

(5)在 priority case 语句中。分支项至少要有一个与 case 表达式的值匹配。

(6)unique if-else 语句会确保分支项被并行解析。

(7)分支项的顺序对于 priority if 结构很重要。

(8)采用资源共享的方式可以有效减小面积。

(9)设计的最大运行频率取决于寄存器之间的路径。

(10)使用流水线方法,可以提升设计的速度。

(11)门控时钟是减小动态功耗的有效方式之一。

本章我们讨论了使用 SystemVerilog 进行 RTL 设计和综合指南,下一章我们将重点讨论复杂 RTL 设计示例,以及使用 SystemVerilog 的一些重要场景。

第 9 章　复杂设计的 RTL 设计和策略

为了获得更好的综合效果，可以采用模块化的方法对复杂的设计进行划分

本章将讨论使用 SystemVerilog 结构进行复杂设计的设计方法。复杂设计可以在时序边界进行划分，以使寄存器到寄存器的路径延迟最小，从而改善设计所要求的时序。为此，本章将讨论 ALU、总线仲裁器、存储器、桶型移位器和 FIFO。本章将有助于读者加深对 ASIC 和 FPGA 各种设计策略的理解。

正如前面章节讨论的那样，我们已经可以使用可综合的 SystemVerilog 结构实现组合逻辑设计和时序逻辑设计。而复杂设计需要采用模块化的设计方法，并通过时序边界实现对于设计的划分。在 RTL 设计阶段，设计的主要目标是实现一个可读性好、采用模块化方法和使用多个过程块的满足预期结果的设计。

9.1 复杂设计策略

层次化的设计在实现复杂设计的过程中发挥了重要的作用。例如有一个视频编码器标准 H.264，H.264 编码器具有预测、传输和编码等功能模块，这些模块会划分为子模块进行设计。

下面列出一些在 RTL 设计阶段很有帮助的设计策略：

（1）理解每个功能模块的功能和接口。

（2）为设计中的每个功能模块创建模块级和子模块级接口。

（3）顶层和模块级管脚及其说明描述的表格化。

（4）使用 SystemVerilog 可综合的结构按照时序边界对设计进行划分。

（5）使用 always_comb 实现组合逻辑。

（6）使用 always_latch 实现基于锁存器的设计。

（7）使用 always_ff 实现时序逻辑。

（8）使用多个过程块实现设计。

（9）考虑面积和速度，对设计采用优化策略。

（10）对 RTL 代码进行修改，实现资源共享。

（11）使用工具提供的面积优化和寄存器平衡的功能选项。

（12）使用流水线逻辑提高设计的速度。

9.2 ALU

算术逻辑单元（ALU）是处理器逻辑的组成部分之一。下面我们介绍一个 4 位的处理器，表 9.1 给出了该 ALU 的输入和输出信号的信息。

表 9.1 ALU 输入和输出信号信息

输入和输出端口	位 宽	方 向	说 明
clk	1 位	输入	设计的系统时钟
op_code	3 位	输入	3 位输入操作码
a_in	4 位	输入	ALU 的 4 位宽操作数
b_in	4 位	输入	ALU 的 4 位宽操作数
result_out	4 位	输出	ALU 的 4 位宽输出
carry_out	1 位	输出	ALU 的进位输出

ALU 实现了算术和逻辑运算操作，表 9.2 给出了不同操作码实现的对应操作。

表 9.2 ALU 操作码对应操作

操作码 op_code	说 明
000	a_bin 和 b_in 之和
001	a_bin 和 b_in 之差
010	a_in 加 1
011	a_in 减 1
100	a_in 和 b_in 相或
101	a_in 和 b_in 相异或
110	a_in 和 b_in 相与
111	a_in 取非

鉴于设计的功能，将使用 SystemVerilog 结构实现该设计。因为 ALU 一次只能完成一次操作，所以设计中我们在时序过程块 always_ff 中使用 case-endcase 实现该设计。

基于时钟的 ALU 中的时序过程块在时钟上升沿被触发。当 case 中的某个条件分支匹配时，对应的条件分支表达式就会执行，result_out 和 carry_out 就会被赋值输出。对应的 RTL 描述如示例 9.1 所示。

示例 9.1 基于时钟的 ALU 的 RTL 描述

```
module arithmetic_logic_unit (
    input clk,
    input [2:0] op_code,
```

```
    input [3:0] a_in, b_in,
    output reg [3:0] result_out,
    output reg carry_out
);
    always_ff @(posedge clk) begin : clocked_ALU_logic
    decode :
    case (op_code)
        3'd0: {carry_out, result_out} <= a_in + b_in;
        3'd1: {carry_out, result_out} <= a_in - b_in;
        3'd2: {carry_out, result_out} <= a_in + 1'b1;
        3'd3: {carry_out, result_out} <= a_in - 1'b1;
        3'd4: {carry_out, result_out} <= {0, a_in | b_in};
        3'd5: {carry_out, result_out} <= {0, a_in ^ b_in};
        3'd6: {carry_out, result_out} <= {0, a_in & b_in};
        3'd7: {carry_out, result_out} <= {0, ~a_in};
    endcase
    end : clocked_ALU_logic
endmodule : arithmetic_logic_unit
```

上述基于时钟的 ALU 的 RTL 代码综合结果如图 9.1 所示，综合出的逻辑中包含了选择器以及其他数据路径上的一些逻辑，它们共同实现了算术运算和逻辑运算。因为该设计是基于时钟的 ALU，所以输出是来自于寄存器级。当然

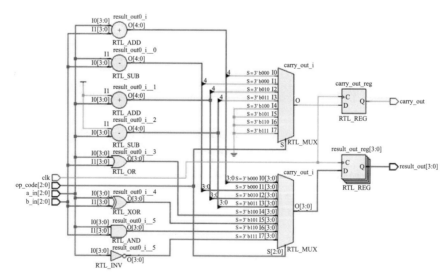

图 9.1 基于时钟的 4 位 ALU 综合结果

设计中的逻辑资源也可以通过对 RTL 代码的修改实现资源的共享,从而对设计进行优化。

综合指南:基于时钟的设计使用 always_ff 过程块,从而形成时序边界。

9.3 桶型移位器

很多时候在基于DSP的设计中,我们会使用组合逻辑移位器实现移位操作。通过控制位来控制移位的次数,如果控制位的值为 0,那么对应的移位次数就是 0,如果控制位的值为十进制的 7,那么设计就要移位 7 次。表 9.3 给出了桶型移位器输入、输出和相关信号的说明信息。

表 9.3 桶型移位器输入和输出信息

输入与输出	位 宽	方 向	说 明
d_in	8 位	输入	桶型移位器 8 位数据输入
c_in	3 位	输入	桶型移位器 3 位控制输入
q_out	8 位	输出	桶型移位器 8 位输出

示例 9.2 是桶型移位器对应的 RTL 描述,其中使用多个选择器的实例形成了选择器链,从而实现了桶型移位器。

示例 9.2 桶型移位器的 RTL 描述

```
module barrel_shifter (
    input  [7:0] d_in,
    input  [2:0] c_in,
    output [7:0] q_out
); //8 位桶型移位器端口声明
  mux_logic inst_m1 (
     q_out[0],
     d_in,
     c_in
  );
  mux_logic inst_m2 (
     q_out[1],
     {d_in[0], d_in[7:1]},
     c_in
  );
```

```
    mux_logic inst_m3 (
        q_out[2],
        {d_in[1:0], d_in[7:2]},
        c_in
    );
    mux_logic inst_m4 (
        q_out[3],
        {d_in[2:0], d_in[7:3]},
        c_in
    );
    mux_logic inst_m5 (
        q_out[4],
        {d_in[3:0], d_in[7:4]},
        c_in
    );
    mux_logic inst_m6 (
        q_out[5],
        {d_in[4:0], d_in[7:5]},
        c_in
    );
    mux_logic inst_m7 (
        q_out[6],
        {d_in[5:0], d_in[7:6]},
        c_in
    );
    mux_logic inst_m8 (
        q_out[7],
        {d_in[6:0], d_in[7:7]},
        c_in
    );
endmodule : barrel_shifter
module mux_logic (
    output logic y_out,
    input [7:0] d_in,
    input [2:0] c_in
```

```
);   //8位桶型移位器选择逻辑
  always_comb begin
    if (c_in == 3'b000) y_out = d_in[0];
    else if (c_in == 3'b001) y_out = d_in[1];
    else if (c_in == 3'b010) y_out = d_in[2];
    else if (c_in == 3'b011) y_out = d_in[3];
    else if (c_in == 3'b100) y_out = d_in[4];
    else if (c_in == 3'b101) y_out = d_in[5];
    else if (c_in == 3'b110) y_out = d_in[6];
    else if (c_in == 3'b111) y_out = d_in[7];
    else y_out = '0;
  end
endmodule : mux_logic
```

图 9.2 是示例 9.2 的综合结果, 其中有 8 个选择器的实例。

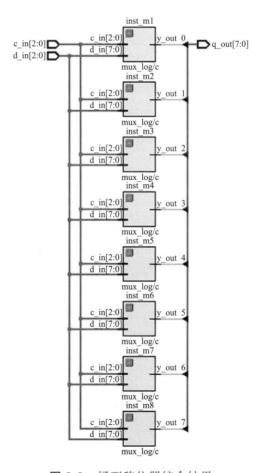

图 9.2 桶型移位器综合结果

9.4 单端口存储体和双端口存储体

完成期望的计算任务之后，需要将数据存储在存储体中。面对这样的需求，在进行 ASIC 设计时可以使用所需的存储器模型。在基于 FPGA 的设计中，我们可以通过使用分布式存储体（尺寸小的存储体）或者 BRAM（RAM 块）来改善延迟并满足数组存储的时序要求。本节将讨论存储体在 FPGA 设计中的应用。

表 9.4 给出了 RAM 的输入和输出的相关信息。

表 9.4　RAM 的输入和输出的相关信息

输入与输出	位　宽	方　向	说　明
clk	1 位	输入	存储体使用的系统时钟
wr_en	1 位	输入	1 位宽同步写使能
rd_addr	8 位	输入	RAM 8 位读地址
wr_addr	8 位	输入	RAM 8 位写地址
data_in	16 位	输入	RAM 的 16 位数据输入
data_out	16 位	输出	RAM 的 16 位数据输出

9.4.1 异步读访问

使用 SystemVerilog 结构可以实现具有异步读访问和同步写访问的存储体，示例 9.3 描述的 RAM 具有异步的读访问操作。

示例 9.3　具有异步读访问操作 RAM 的 RTL 描述

```
module memory_ram #(
    parameter width   = 16,
    parameter logsize = 8
) (
    input clk, wr_en,
    input [logsize-1:0] rd_addr,
    input [logsize-1:0] wr_addr,
    input [width-1:0] data_in,
    output [width-1:0] data_out
);
    localparam size = 2 ** logsize;
    logic [width-1:0] memory[size-1:0];
```

```
    assign data_out = memory[rd_addr];  //用于输出数据
    always_ff @(posedge clk) begin : memory_write
      if (wr_en) memory[wr_addr] <= data_in;
    end : memory_write
endmodule
```

示例 9.3 综合的结果如图 9.3 所示，该 RAM 存储体的容量为 256 × 16 位。

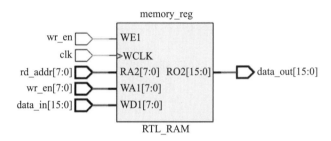

图 9.3 具有异步读访问操作 RAM 的综合结果

9.4.2 同步读写访问

使用 SystemVerilog 结构可以实现具有同步读写访问功能的存储体，示例 9.4 是一个具有同步读写访问功能的 RAM。

示例 9.4 具有同步读写访问功能的单端口存储体的 RTL 描述

```
module memory_ram_sync #(
    parameter width   = 16,
    parameter logsize = 8
) (
    input clk, wr_en,
    input [logsize-1:0] rd_addr,
    input [logsize-1:0] wr_addr,
    input [width-1:0] data_in,
    output [width-1:0] data_out
);
  localparam size = 2 ** logsize;
  logic [width-1:0] memory[size-1:0];
  always_ff @(posedge clk) begin : memory_read
    data_out <= memory[rd_addr];
  end : memory_read
```

```
always_ff @(posedge clk) begin : memory_write
    if (wr_en) memory[wr_addr] <= data_in;
end : memory_write
endmodule
```

9.4.3 分布式RAM

分布式 RAM 的 RTL 描述如示例 9.5 所示，分布式 RAM 具有两组端口，顶层输入与输出端口信号描述如表 9.5 所示。

示例 9.5 分布式 RAM 的 RTL 描述

```
module distributed_ram (
    input clk, write_en,
    input [7:0] address_in_1, address_in_2,data_in,
    output logic [7:0] data_out_1, data_out_2
);
    reg [7:0] ram_mem[255:0];
    always_ff @(posedge clk) begin
        if (write_en) ram_mem[address_in_1] <= data_in;
    end
    assign data_out_1 = ram_mem[address_in_1];
    assign data_out_2 = ram_mem[address_in_2];
endmodule
```

表 9.5 分布式 RAM 顶层输入与输出端口说明

输入与输出	位宽	方向	说明
clk	1 位	输入	存储体使用的系统时钟
wr_en	1 位	输入	1 位宽同步写使能
address_in_1	8 位	输入	RAM 端口 I 的 8 位地址
address_in_2	8 位	输入	RAM 端口 II 的 8 位地址
data_in	8 位	输入	RAM 的 8 位输入数据
data_out_1	8 位	输出	RAM 端口 I 的 8 位数据输出
data_out_2	8 位	输出	RAM 端口 II 的 8 位数据输出

上述分布式 RAM 的综合结果如图 9.4 所示。

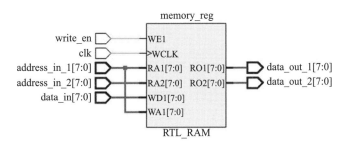

图 9.4　分布式 RAM 的综合结果

9.4.4　BRAM

在 FPGA 中, 可重构的 RAM 块(BRAM)可以用于设计中作为存储体使用, 其中封装了大密度存储单元。这种使用方式可以有效改善读写访问的总体延迟, 甚至可以重复实例化, 从而使数据处理更容易些。

示例 9.6 是用于 FPGA 的 16×2 位 BRAM 的硬件描述。

示例 9.6　BRAM 的 RTL 描述

```
module BRAM_16X2 (
    input clk, write_en, enable,
    input [3:0] addr_in,
    input [1:0] data_in,
    output logic [1:0] q_out
);
  logic [1:0] RAM[15:0];
  logic [3:0] read_address;
  always_ff @(posedge clk) begin
    if (enable) begin
      if (write_en) begin
        RAM[addr_in] <= data_in;
        read_address <= addr_in;
      end
    end
  end
  assign q_out = RAM[read_address];
endmodule
```

图 9.5 是示例 9.6 的综合结果，该 RAM 在控制逻辑路径上具有对应的控制逻辑。

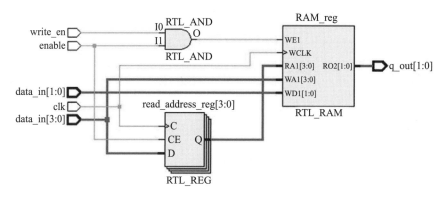

图 9.5　BRAM 综合结果

9.4.5　双端口 RAM

双端口 RAM 具有两组独立的读写端口，示例 9.7 是使用 SystemVerilog 实现的双端口 RAM。

示例 9.7　双端口 RAM 的 RTL 描述

```
module dual_port_ram (
    input clk_1, clk_2, enable_in_1, enable_in_2, write_en_1,
      write_en_2,
    input [7:0] address_in_1, address_in_2, data_in_1,
      data_in_2,
    output logic [7:0] data_out_1, data_out_2
);
  reg [7:0] data_out_1, data_out_2;
  reg [7:0] ram_mem[255:0];
  always_ff @(posedge clk_1) begin
    if (enable_in_1) begin
      if (write_en_1) ram_mem[address_in_1] <= data_in_1;
      data_out_1 <= ram_mem[address_in_1];
    end
  end
  always_ff @(posedge clk_2) begin
    if (enable_in_2) begin
```

```
        if (write_en_2) ram_mem[address_in_2] <= data_in_2;
        data_out_2 <= ram_mem[address_in_2];
    end
  end
endmodule
```

图 9.6 是双端口 RAM 对应的综合结果，其中有两个不同的时钟 clk_1 和 clk_2。

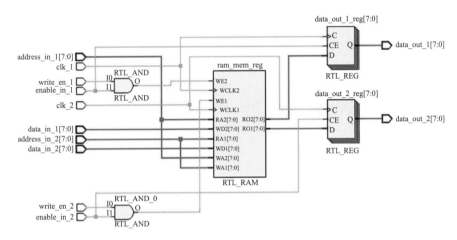

图 9.6 双端口 RAM 综合结果

9.5 总线仲裁器和设计方法

示例 9.8 使用 SystemVerilog 描述的静态总线仲裁器有三种并行的请求信号和响应信号。其中 request_0 具有最高的优先级，request_2 具有最低的优先级。

示例 9.8 静态仲裁器的 RTL 描述

```
module static_arbitration (
    input clk, reset_n, request_0, request_1, request_2,
    output logic grant_0, grant_1, grant_2
);
  always_ff @(posedge clk, negedge reset_n) begin
    if (~reset_n) {grant_2, grant_1, grant_0} <= 3'b000;
    else begin
      grant_0 <= request_0;
```

```
        grant_1 <= (request_1 && (!request_0));
        grant_2 <= (request_2 && (!(request_1 || request_0)));
      end
  end
endmodule
```

图 9.7 是静态总线仲裁器的综合结果，并根据优先级推断出了响应与请求之间的时序逻辑。

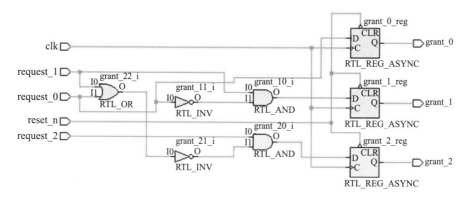

图 9.7　静态总线仲裁器的综合结果

9.6　多时钟域

多时钟域被广泛应用于复杂 ASIC 和 FPGA 设计中，其中具有多个时钟，而数据聚合和数据的完整性则是这类设计中常见的问题。

解决这类问题的办法是在数据路径和控制路径上使用同步器。当控制信号从一个时钟域传到另一个时钟域时可以使用如下同步器：

（1）电平同步器。

（2）脉冲同步器。

（3）多路同步器。

当数据从一个时钟域传到另一个时钟域时，数据路径可以使用同步或者异步 FIFO。下面的小节中将会讨论 FIFO 的设计，另外为了更好地对设计进行综合，可以将设计划分成多个块。

9.7 FIFO设计方法

FIFO 是先进先出的存储体，主要用在数据从一个时钟域传递到另一个时钟域，通过这样的方式，数据的读写访问可以按照各自的速度安全地存储和传输，从而保证数据的完整性，图 9.8 是 FIFO 的顶层模块和对应的接口。

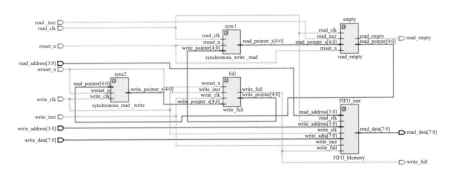

图 9.8 FIFO 的顶层模块和对应的接口

9.7.1 FIFO

示例 9.9 是 FIFO 的顶层模块，其中包含如下模块的实例：

（1）FIFO_Memory：16 × 8 位存储体。

（2）synchronous_read_write：对从读时钟域传递到写时钟域的控制信号进行同步。

（3）synchronous_write_read：对从写时钟域传递到读时钟域的控制信号进行同步。

（4）write_full：FIFO 写满标志产生逻辑。

（5）read_empty：FIFO 读空标志产生逻辑。

示例 9.9 FIFO 顶层模块

```
module FIFO #(
    parameter address_size = 4,
    parameter data_size = 8
) (
    input write_clk, read_clk,
    input write_incr, read_incr,
    input wreset_n, rreset_n,
```

```
        input [data_size-1:0] write_data,
        output [data_size-1:0] read_data,
        output read_empty, write_full,
        input [address_size-1:0] read_address,
        write_address
    );
    wire [address_size:0] write_pointer, read_pointer,
        write_pointer_s, read_pointer_s;
    //FIFO存储体实例化
    FIFO_Memory FIFO (
        .write_clk,
        .write_full,
        .write_en(write_incr),
        .write_data,
        .read_data,
        .write_address,
        .read_address
    );
    // 写读同步模块实例化
    synchronous_read_write sync1 (
        .read_clk,
        .read_pointer_s,
        .rreset_n,
        .write_pointer
    );
    // 读写同步模块实例化
    synchronous_write_read sync2 (
        .write_clk,
        .read_pointer,
        .wreset_n,
        .write_pointer_s
    );
    // 写满逻辑实例化
    write_full full (
        .write_clk,
```

```
        .write_incr,

        .wreset_n,

        .write_pointer,

        .write_pointer_s,

        .write_full

    );

    // 读空逻辑实例化

    read_empty empty (

        .read_clk,

        .read_incr,

        .rreset_n,

        .read_empty,

        .read_pointer,

        .read_pointer_s

    );

endmodule
```

9.7.2　FIFO存储体

示例9.10是容量为 16×8 位的FIFO存储体的RTL描述,结构如图9.9所示。

示例9.10　FIFO 存储体的 RTL 描述

```
module FIFO_Memory #(
    parameter data_size = 8,
    address_size = 4,
    depth = 1 >> address_size
) (
    input [data_size-1:0] write_data,
    input [address_size-1:0] write_address, read_address,
      input write_en, write_clk, write_full,
    output logic [data_size-1:0] read_data
);
  logic [data_size-1:0] memory[0:depth-1];
  always_comb read_data = memory[read_address];
  always_ff @(posedge write_clk) begin
    if (!write_full && write_en) memory[write_address]
```

```
        <= write_data;
    end

endmodule
```

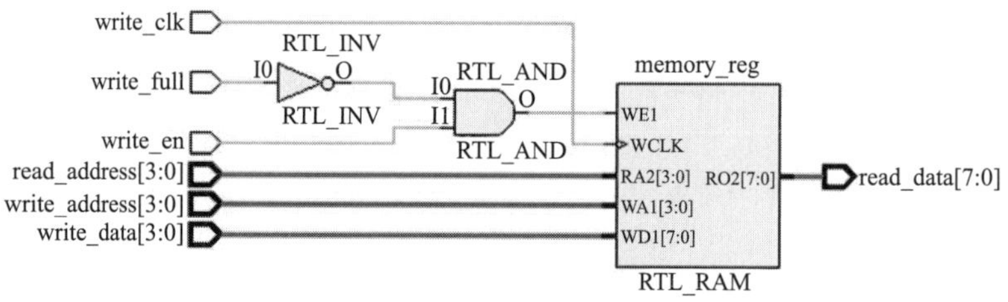

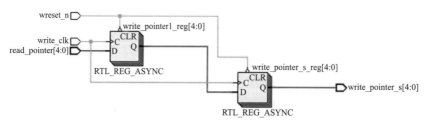

图 9.9　FIFO 存储体

9.7.3　同步读写

示例 9.11 描述的是读时钟域到写时钟域的同步器, 其结构如图 9.10 所示。

示例 9.11　同步器的 RTL 描述（读到写时钟域）

```
module synchroniser_read_write #(
    parameter address_size = 4
) (
    input write_clk, wreset_n,
    input [address_size:0] read_pointer,
    output logic [address_size:0] write_pointer_s
);
  logic [address_size:0] write_pointer1, read_pointer1;
  always_ff @(posedge write_clk, negedge wreset_n) begin
    if (!wreset_n) {write_pointer_s, write_pointer1} <= 0;
    else {write_pointer_s, write_pointer1} <= {read_pointer1,
      read_pointer};
  end
endmodule
```

图 9.10　读时钟域到写时钟域的同步器结构图

9.7.4 同步写读

示例 9.12 描述的是写时钟域到读时钟域的同步器，其结构如图 9.11 所示。

示例 9.12 同步器的 RTL 描述（写到读时钟域）

```
module synchronous_write_read #(
    parameter address_size = 4
) (
    input read_clk, rreset_n,
    input [address_size:0] write_pointer,
    output reg [address_size:0] read_pointer_s,
    logic [address_size:0] read_pointer1
);
  always_ff @(posedge read_clk, negedge rreset_n) begin
    if (!rreset_n) {read_pointer_s, read_pointer1} <= 0;
    else {read_pointer_s, read_pointer1} <= {read_pointer1,
      write_pointer};
  end
endmodule
```

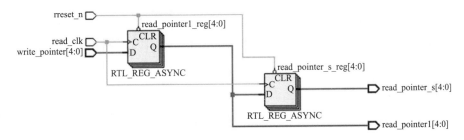

图 9.11 写时钟域到读时钟域的同步器结构图

9.7.5 写满逻辑

示例 9.13 描述了 FIFO 写满标志产生逻辑、格雷码指针和二进制码指针，其结构框图如图 9.12 所示。

示例 9.13 FIFO 写满标志产生逻辑的 RTL 描述

```
module write_full #(
    parameter address_size = 4
) (
```

```
    input write_clk, write_incr, wreset_n,
    input [address_size:0] write_pointer_s,
    output reg [address_size:0] write_pointer,
    output logic write_full
);
  logic [address_size:0] write_binary, write_address;
  logic [address_size:0] write_gray_next, write_bin_next;
  logic wfull_tmp, write_empty;
  always_ff @(posedge write_clk, negedge wreset_n) begin
    if (!wreset_n) {write_binary, write_pointer} <= 0;
    else {write_binary, write_pointer} <= {write_bin_next,
      write_gray_next};
  end
  always_comb begin
    write_address = write_binary[address_size-1:0];
    write_bin_next = write_binary + (write_incr &&
      ~write_empty);
    write_gray_next = (write_bin_next >> 1) ^
      (write_bin_next);
    wfull_tmp = (write_gray_next == {~ write_pointer_s
      [address_size : address_size- 1], write_pointer_s
      [address_size-2:0]});
  end
  always_ff @(posedge write_clk, negedge wreset_n) begin
    if (!wreset_n) write_full <= 0;
    else write_full <= wfull_tmp;
  end
endmodule
```

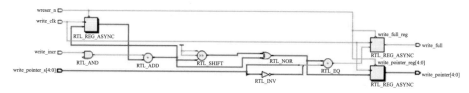

图 9.12　FIFO 写满标志产生逻辑结构

9.7.6 读空逻辑

示例 9.14 描述了 FIFO 读空标志产生逻辑、格雷码指针和二进制码指针，其结构框图如图 9.13 所示。

示例 9.14 FIFO 读空标志产生逻辑的 RTL 描述

```
module read_empty #(
    parameter address_size = 4
) (
    input read_clk,
    read_incr, rreset_n,
    input [address_size-1:0] read_pointer_s,
    output logic [address_size:0] read_pointer,
    output logic read_empty
);
  logic [address_size:0] read_binary, read_address;
  logic [address_size:0] read_gray_next, read_bin_next;
  logic rempty_tmp;
  always_ff @(posedge read_clk, negedge rreset_n) begin
    if (!rreset_n) {read_binary, read_pointer} <= 0;
    else {read_binary, read_pointer} <= {read_bin_next, read_
gray_next};
  end
  always_comb begin
    read_address = read_binary[address_size-1:0];
    read_bin_next = read_binary + (read_incr && ~read_empty);
    read_gray_next = (read_bin_next >> 1) ^ (read_bin_next);
    rempty_tmp = (read_gray_next == read_pointer_s);
  end
  always_ff @(posedge read_clk, negedge rreset_n) begin
    if (!rreset_n) read_empty <= 0;
    else read_empty <= rempty_tmp;
  end
endmodule
```

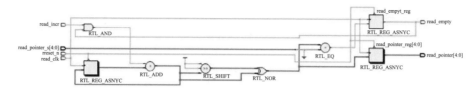

图 9.13　FIFO 读空标志产生逻辑结构

9.8　总结和展望

下面是对本章要点的总结：

（1）为了更好地综合，复杂设计可以划分成多个子模块。

（2）理解每个功能模块的功能和接口。

（3）为设计中的每个功能模块创建模块级和子模块级接口。

（4）对 RTL 代码进行修改，实现资源共享。

（5）使用工具提供的面积优化和寄存器平衡的功能选项。

（6）使用流水线逻辑提高设计的速度。

（7）很多时候在基于 DSP 的设计中，我们需要使用组合逻辑移位器实现移位操作。

（8）广泛应用于 FPGA 设计中的 BRAM，可按照需要配置封装存储，从而改善设计的总体延迟。

（9）在多时钟域设计中，在逻辑路径上使用同步器，在数据路径上使用FIFO。

本章我们讨论了复杂设计的设计策略，同时还介绍了一些重要的设计实例，例如 ALU、总线仲裁器、存储器、BRAM、单端口 RAM 和双端口 RAM、FIFO 和桶型移位器等，下一章我们将重点讨论有限状态机和有限状态机控制器的实现。

第 10 章　有限状态机

采用有限状态机进行控制逻辑的设计

为了满足面积、速度和功耗的需求，基于时钟的设计和控制器都会使用 FSM 进行设计建模。例如仲裁计数器和序列检测器都可以使用 SystemVerilog 构建的状态机进行设计。本章我们将讨论如何采用可综合的结构和不同编码方式实现状态机。通过本章的学习，有助于读者理解数据和控制路径的可综合性以及 FSM 优化技术，并且通过这些技术可以有效实现控制器的设计。

正如前面章节讨论的那样，SystemVerilog 具有强大的可综合结构和不可综合结构，通过这些结构可以很方便地实现硬件的设计和验证。在进行设计时，我们经常需要设计仲裁计数器电路或者序列检测器，面对这样的设计，我们需要使用有效的可综合结构完成对应电路逻辑功能的设计。例如，有一个输入数据流是 "1010100010100010101010000······"，设计的电路需要能够检测其中的子序列 "101010"。如果我们采用一种顺序计数器实现这样的功能，完成这样的序列检测的硬件设计将会是一项耗费时间并且实现起来比较困难的任务。并且，我们还需要考虑序列重叠和不重叠的情况，还需要考虑电路的面积、速度和功耗等需要优化的问题。

面对这样的情况，最好的解决办法是使用有限状态机实现序列检测器设计，我们可以考虑使用 Moore 或者 Mealy 状态机实现序列检测。考虑到面积和速度的需要，我们可以使用合适的编码方式，例如二进制码、格雷码和独热码。在下面的小节中，将会讨论使用过程块描述的有限状态机（FSM），还会对 FSM 中数据路径和控制路径的优化进行讨论。

10.1　FSM

如前所述，FSM 常用于设计时序电路或者具有仲裁行为的控制器。例如表 10.1 所示的设计，在时钟上升沿工作，其中包括两种状态，分别是当前状态和下一状态。

表 10.1

当前状态	下一状态
1000	0100
0100	0010
0010	0001
0001	1000

从表 10.1 可以清楚地看出这个设计是一个时序设计，并且有当前状态和下

一状态。当前状态指的是时序逻辑当前的输出，而下一状态，我们可以认为是下一个时钟上升沿或者时钟有效沿时时序逻辑的输出。

在这种类型的设计中，设计人员的目标是设计一个能够通过时序元件的输出确定下一状态的逻辑，当然这也与 FSM 中使用的编码风格有一定关系。

考虑到面积需求的限制，绝大多数 FSM 会选择使用二进制码和格雷码，如果对面积要求不是那么高，那么为了获得较好的时序，可以使用独热码。

10.2　Moore状态机

在 Moore 状态机中，输出是时序逻辑单元当前状态的函数，输出不是输入的函数，因此，Moore 状态机比 Mealy 状态机需要更多的状态进行描述。这里需要注意的一点是，因为输出是当前状态的函数，所以输出在每个周期都会保持定值，因此，在这种设计中，输出出现毛刺的概率是比较低的。Moore 状态机的结构如图 10.1 所示。

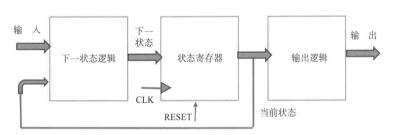

图 10.1　Moore 状态机结构框图

10.3　Mealy状态机

Mealy 状态机中，输出是时序逻辑单元当前状态和输入的函数，因为输出是输入的函数，所以 Mealy 状态机需要的状态比 Moore 状态机少。但是需要注意的是，因为输出是当前状态和输入的函数，所以在每个时钟周期，输出可能保持不变，也可能发生变化，因此，这类设计中输出出现毛刺的可能性还是比较高的，Mealy 状态机的结构图如图 10.2 所示。

在进行状态机建模时，一定要注意，为了获得一个较好的综合结果，构建的状态机应该具有较好的可读性和描述方式，为此，建议采用三个过程块实现，即采用"三段式"实现：

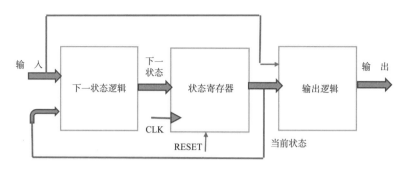

图 10.2 Mealy 状态机结构图

（1）下一状态逻辑过程块：该过程块主要实现组合逻辑，其输入为当前状态和状态机的输入，输出就是下一状态。

（2）状态寄存器逻辑：该过程块是使用"always_ff@(posedge clk, negedge reset_n)"构成的时序逻辑过程块，其输入为下一状态，输出为当前状态。但是这里需要注意，输入 clk 和 reset 是该过程块的输入。

（3）输出逻辑过程块：该过程块为组合逻辑过程块，对于 Mealy 状态机来说，该部分的输入主要有状态机的输入数据和当前状态，而对于 Moore 状态机来说，该部分输入只有当前状态，但是该部分过程块的输出会作为状态机的输出。

10.4　Moore状态机实现非重叠序列检测器

现在有一个连续输入序列"00110101001010101......."，需要使用 4 个状态设计一个 Moore 状态机检测一个不重叠的序列"101"，该状态机的输出序列为"00000100000010001......."，状态机的状态图如图 10.3 所示。

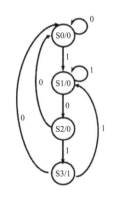

图 10.3　非重叠序列 Moore 状态机

示例 10.1 是使用 SystemVerilog 结构描述的该状态图的源代码。

示例 10.1　非重叠序列 Moore 状态机的 SystemVerilog 实现

```
module moore_fsm_nonoverlapping (
    input  logicclk, reset_n, data_in,
    output logicdata_out
);
    typedef enum logic [1:0] {
```

```
    s0,
    s1,
    s2,
    s3
  } state;
state present_state, next_state;
always_ff @(posedge clk, negedgereset_n) begin :
  State_register
  if (~reset_n) present_state <= s0;
  else present_state <= next_state;
end : State_register
always_comb begin : next_state_logic
  case (present_state)
    s0: if (data_in) next_state = s1;
      else next_state = s0;
    s1: if (~data_in) next_state = s2;
      else next_state = s1;
    s2: if (data_in) next_state = s3;
      else next_state = s0;
    s3: if (data_in) next_state = s1;
      else next_state = s0;
  endcase
end : next_state_logic
always_comb begin : output_logic
  case (present_state)
    s0: data_out = '0;
    s1: data_out = '0;
    s2: data_out = '0;
    s3: data_out = '1;
  endcase
end : output_logic
endmodule
```

　　该 FSM 使用枚举类型代替使用具体数值描述状态机的状态，其优点是可以在更高的层次定义状态，并且可以得到更好的综合结果。

图 10.4 是该状态机的综合结果，其中包括了下一状态逻辑、当前状态寄存逻辑和输出组合逻辑三部分，由此可见，该状态机的输出是当前状态的函数。

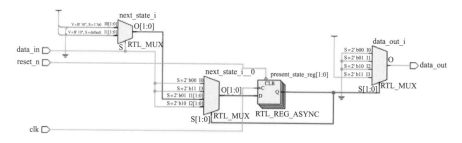

图 10.4 非重叠序列 Moore 状态机综合结果

10.5 Moore状态机实现重叠序列检测器

同样考虑连续输入序列"00110101001010101......"，但是需要考虑序列"101"是可重叠的，并且仍然使用只有四个状态的 Moore 状态机，状态机的输出序列为"00000101000010101......"，状态机的状态图如图 10.5 所示。

示例 10.2 是使用 SystemVerilog 结构描述的图 10.5 所示的状态机的源代码。

示例 10.2 重叠序列 Moore 状态机的 SystemVerilog 实现

```
module moore_machine_overlapping (
    input logicclk, reset_n, data_in,
    output logicdata_out
);
  typedef enum logic [1:0] {
    s0,
    s1,
    s2,
    s3
  } state;
  state present_state, next_state;
  always_ff @(posedgeclk, negedgereset_n) begin :
    State_register
    if (~reset_n) present_state <= s0;
    else present_state <= next_state;
  end : State_register
```

```
always_comb begin : next_state_logic
  case (present_state)
    s0: if (data_in) next_state = s1;
      else next_state = s0;
    s1: if (~data_in) next_state = s2;
      else next_state = s1;
    s2: if (data_in) next_state = s3;
      else next_state = s0;
    s3: if (data_in) next_state = s1;
      else next_state = s2;
  endcase
end : next_state_logic
always_comb begin : output_logic
  case (present_state)
    s0: data_out = '0;
    s1: data_out = '0;
    s2: data_out = '0;
    s3: data_out = '1;
  endcase
end : output_logic
endmodule
```

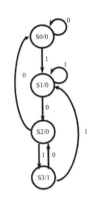

图 10.5　重叠序列 Moore 状态机

图 10.6 是对应代码的综合结果，其中包括了下一状态逻辑、当前状态寄存逻辑和输出组合逻辑三部分，由此可见，该状态机的输出是当前状态的函数。与非重叠序列状态机相比，该例综合结果在下一状态逻辑部分使用了更多的逻辑资源。

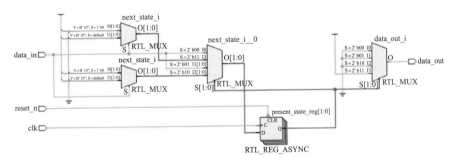

图 10.6　重叠序列 Moore 状态机综合结果

10.6 Mealy状态机实现非重叠序列检测器

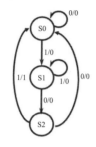

图 10.7 非重叠序列
Mealy 状态机

仍然是连续输入序列"00110101001010101……"，现在需要使用 3 个状态设计一个 Mealy 状态机检测不重叠的序列"101"，该状态机输出的序列为"00000100000010001……"，状态机的状态图如图 10.7 所示。

示例 10.3 是使用 SystemVerilog 结构描述的该状态图的源代码。

示例 10.3 非重叠序列 Mealy 状态机的 SystemVerilog 实现

```
module melay_machine_nonoverlapping (
    input logicclk, reset_n, data_in,
    output logicdata_out
);
  typedef enum logic [1:0] {
    s0,
    s1,
    s2
  } state;
  state present_state, next_state;
  always_ff @(posedgeclk, negedgereset_n) begin :
  State_register
    if (~reset_n) present_state <= s0;
    else present_state <= next_state;
  end : State_register
  always_comb begin : next_state_logic
    case (present_state)
      s0: if (data_in) next_state = s1;
        else next_state = s0;
      s1: if (~data_in) next_state = s2;
        else next_state = s1;
      s2: if (data_in) next_state = s0;
        else next_state = s0;
```

```
    endcase
  end : next_state_logic
  always_comb begin : output_logic
    case (present_state)
      s0: data_out = '0;
      s1: data_out = '0;
      s2: if (data_in) data_out = '1;
 else data_out = '0;
    endcase
  end : output_logic
endmodule
```

图 10.8 是该状态机的综合结果，其中包括下一状态逻辑、当前状态寄存逻辑和输出组合逻辑三部分，由此可见，该状态机的输出是当前状态和输入的函数。并且与 Moore 状态机相比，在输出组合逻辑部分使用了更多的元件。

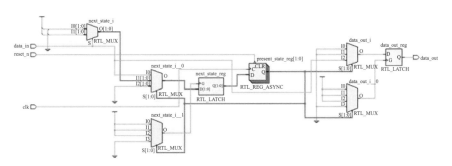

图 10.8 非重叠序列 Mealy 状态机综合结果

10.7 Mealy状态机实现重叠序列检测器

依旧是连续输入序列"001101010010101 01……"，现在需要使用 3 个状态设计一个 Mealy 状态机检测重叠的序列"101"，该状态机输出的序列为"00000101000010101……"，状态机的状态图如图 10.9 所示。

示例 10.4 是使用 SystemVerilog 结构描述图 10.9 所示状态图的源代码。

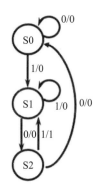

图 10.9 重叠序列 Mealy 状态机

示例 10.4 重叠序列 Mealy 状态机的 SystemVerilog 实现

```
module mealy_machine_overlapping (
    input  logicclk, reset_n, data_in,
    output logicdata_out
);
  typedef enum logic [1:0] {
    s0,
    s1,
    s2
  } state;
  state present_state, next_state;
  always_ff @(posedge clk, negedge reset_n) begin :
    State_register
    if (~reset_n) present_state <= s0;
    else present_state <= next_state;
  end : State_register
  always_comb begin : next_state_logic
    case (present_state)
      s0: if (data_in) next_state = s1;
        else next_state = s0;
      s1: if (~data_in) next_state = s2;
        else next_state = s1;
      s2: if (data_in) next_state = s1;
        else next_state = s0;
    endcase
  end : next_state_logic
  always_comb begin : output_logic
    case (present_state)
      s0: data_out = '0;
      s1: data_out = '0;
      s2: if (data_in) data_out = '1;
 else data_out = '0;
    endcase
  end : output_logic
endmodule
```

图 10.10 是该状态机的综合结果，其中包括下一状态逻辑、当前状态寄存逻辑和输出组合逻辑三部分，并由此可见，该状态机的输出是当前状态和输入的函数。并且与 Moore 状态机相比，在输出组合逻辑部分使用了更多的元件。

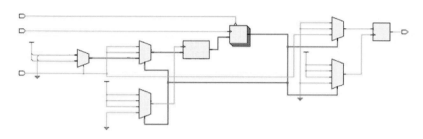

图 10.10　重叠序列 Mealy 状态机综合结果

10.8　二进制码编码方法

在使用二进制码编码方法的设计中，状态机所需要的状态数等于使用的触发器数目的 2 倍。表 10.2 给出了一个设计所具有的四个状态，因此需要两个触发器表示这四个状态。

表 10.2　二进制码编码状态表

当前状态	下一状态
00	01
01	10
10	11
11	00

因为使用了二进制编码方法，所以表示四个状态只需要使用 2 个触发器就可以实现四状态控制器。示例 10.5 描述了一个基本的控制器，该控制器具有三个状态，分别是空闲、加载和存储。虽然这里使用了枚举类型，但是综合编译器最终会将这些状态用二进制数 00，01，10 表示。

示例 10.5　使用 SystemVerilog 实现的二进制编码方法

```
module fsm_controller (
    input clk, reset_n,
    output logic [1:0] read_write
);
  enum {
    idle,
    load,
    store
  }
    present_state, next_state;
```

```
always_ff @(posedge clk, negedge reset_n) begin :
  state_register
  if (~reset_n) present_state <= idle;
  else present_state <= next_state;
end : state_register
always_comb begin : next_state_logic
  case (present_state)
    idle: next_state = load;
    load: next_state = store;
    store: next_state = idle;
    default: next_state = idle;
  endcase
end : next_state_logic
always_comb begin : output_logic
  case (present_state)
    idle: read_write = 2'b00;
    load: read_write = 2'b10;
    store: read_write = 2'b01;
    default: read_write = 2'b00;
  endcase
end : output_logic
endmodule
```

图 10.11 是示例 10.5 的综合结果，其中包括下一状态逻辑、状态寄存器逻辑和输出逻辑三部分。

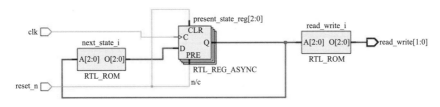

图 10.11 使用二进制编码方法设计综合的结果

10.9 独热码编码方法

在使用独热码编码方法的设计中，状态机所需要的状态数等于使用的触发

器的数目。表 10.3 给出了一个设计所具有
的四个状态，在独热码编码时，一次只能
有一位为高。

表 10.3　独热码编码状态表

当前状态	下一状态
1000	0100
0100	0010
0010	0001
0001	1000

因为使用了独热码编码方法，所以表
示四个状态只需要使用 4 个触发器就可以
实现四状态控制器。示例 10.6 描述了一个基本的控制器，该控制器具有三个状
态，分别是空闲、加载和存储。虽然这里使用了枚举类型，但是综合编译器最
终会将这些状态用二进制数 001，010，100 表示。

示例 10.6　使用 SystemVerilog 实现的独热码编码方法

```
module fsm_controller_onehot (
    inputclk, reset_n,
    output logic [1:0] read_write
);
  enum bit [2:0] {
    idle  = 3'b001,
    load  = 3'b010,
    store = 3'b100
  }
      present_state, next_state;
  always_ff @(posedge clk, negedge reset_n) begin :
    state_register
    if (~reset_n) present_state <= idle;
    else present_state <= next_state;
  end : state_register
  always_comb begin : next_state_logic
    case (present_state)
      idle: next_state = load;
      load: next_state = store;
      store: next_state = idle;
      default: next_state = idle;
    endcase
  end : next_state_logic
  always_comb begin : output_logic
    case (present_state)
```

```
        idle: read_write = 2'b00;

        load: read_write = 2'b10;

        store: read_write = 2'b01;

        default: read_write = 2'b00;

      endcase

    end : output_logic

endmodule
```

图 10.12 是示例 10.6 的综合结果,其中包括下一状态逻辑、状态寄存器逻辑和输出逻辑三部分。

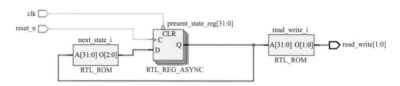

图 10.12 使用独热码编码方法设计综合的结果

10.10 使用反向case语句的状态机

要想实现示例 10.7 所描述的状态机,需要首先完成以下枚举类型的定义声明:

```
enum {
  idle_b   = 0,
  load_b   = 1,
  store_b  = 2
} state_b;
enum {
  idle  = 1 << idle_b,
  load  = 1 << load_b,
  store = 1 << store_b
}
    present_state, next_state;
```

示例 10.7 使用反向 case 语句描述的状态机

```
module reversed_case_statement (
    input clk, reset_n,
```

```systemverilog
    output logic [1:0] read_write
);
  enum {
    idle_b  = 0,
    load_b  = 1,
    store_b = 2
  } state_b;
  enum {
    idle  = 1 << idle_b,
    load  = 1 << load_b,
    store = 1 << store_b
  }
      present_state, next_state;
  always_ff @(posedge clk, negedge reset_n) begin :
    state_register
    if (~reset_n) present_state <= idle;
    else present_state <= next_state;
  end : state_register
  always_comb begin : next_state_logic
    next_state = present_state;   // 每个分支的默认设置
    unique case (1'b1)
      present_state[idle_b]:  next_state = load;
      present_state[load_b]:  next_state = store;
      present_state[store_b]: next_state = idle;
    endcase
  end : next_state_logic
  always_comb begin : output_logic
    read_write = 2'b00;
    unique case (1'b1)
      present_state[idle_b]:  read_write = 2'b00;
      present_state[load_b]:  read_write = 2'b10;
      present_state[store_b]: read_write = 2'b01;
    endcase
  end : output_logic
endmodule
```

为了获得较好的综合结果，在反向 case 语句中需要使用独热码进行编码。顾名思义，case 选项和表达式是反向的。正如上面代码描述的那样，索引 idel_b、load_b 和 store_b 表示的值分别是 0，1，2，这些索引将会在定义实际使用的枚举类型时使用。

下面是使用 unique case 语句进行状态机建模时需要注意的内容：

（1）正如前面章节讨论过的那样，unique case 语句对 case 语句的所有选择分支进行并行解析，不会按照优先级解析。所以 unique case 语句效果与编译命令 parallel_case 类似，都可用于逻辑优化。

（2）因为 unique case 语句的使用，综合和仿真器可以正确理解设计意图，即在选择分支中没有重复的分支项。并且更重要的是，如果 case 表达式同时满足一个以上的 case 分支项时，仿真器将会产生运行错误！

（3）另一点需要注意的是，使用 unique case 语句可以确保综合和仿真结果一致，这主要是因为 case 表达式所有可能的值，在仿真的时候都会被 case 选择分支项覆盖到。

图 10.13 是示例 10.7 的综合结果，其中包括下一状态逻辑、状态寄存器逻辑和输出逻辑三部分。图 10.13 的状态机中，下一状态逻辑是组合逻辑，而输出逻辑和状态寄存器逻辑则是属于基于时钟的逻辑。

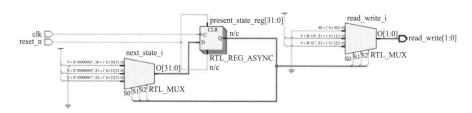

图 10.13 示例 10.7 综合结果

10.11 FSM控制器

在进行设计的时候，我们经常需要设计一个有效的 FSM 控制器，为了实现这样有效的控制器，我们经常会使用二进制码、格雷码或者独热码等编码方式，并且在对状态机进行建模时，通过有效的结构可以有效避免毛刺和锁存器的产生。

例如有一个流水线控制器，其中的流水线主要包括取指、译码、执行和存储。通过 FSM 可以实现对这样的设计进行建模，并且在每个时钟 FSM 可以进入到下一个状态。

在示例 10.8 中，下一状态通过流水线跳转获得，在每一个状态，完成所需要操作的各种功能。

示例 10.8 RTL 代码

```
always_comb begin : next_state_logic
  case (present_state)
    fetch:   next_state = decode;
    decode:  next_state = execute;
    execute: next_state = store;
    default: next_state = fetch;
  endcase
end : next_state_logic
```

其实，实现这种控制器比较好的方式是使用多个过程块，并且使用独热码方法实现的反向 case 语句。

10.12 数据和控制路径综合

高效的 FSM 设计，必须要将数据路径和控制路径上的模块分开处理。这里仍然以序列检测器为例，序列检测器的 FSM 中，当数据路径控制器准备好传送数据时，数据此时就要被输入，为此，我们将数据路径和控制路径的模块分为不同的模块处理：data_path 和 mealy_controller。

这里我们将示例 10.4 的设计代码修改为示例 10.9 所示的代码。

示例 10.9 具有输入使能 enable_in 的重叠序列 Mealy 状态机

```
module fsm_control_path (
    input  logicclk, reset_n, enable_in, data_in,
    output logicdata_out
);
  typedef enum logic [1:0] {
    s0,
    s1,
    s2
```

```
    } state;
    state present_state, next_state;
    always_ff @(posedge clk, negedge reset_n) begin :
      State_register
      if (~reset_n) present_state <= s0;
      else present_state <= next_state;
    end : State_register
    always_comb begin : next_state_logic
      case (present_state)
        s0: if (data_in & enable_in) next_state = s1;
          else next_state = s0;
        s1: if (~data_in & enable_in) next_state = s2;
          else next_state = s1;
        s2: if (data_in & enable_in) next_state = s1;
          else next_state = s0;
      endcase
    end : next_state_logic
    always_comb begin : output_logic
      case (present_state)
        s0: data_out = '0;
        s1: data_out = '0;
        s2: if (data_in & enable_in) data_out = '1;
  else data_out = '0;
      endcase
    end : output_logic
endmodule
```

示例 10.10 是数据路径的代码，主要用于当来自于控制器的数据有效信号 enable_out=1 时，将产生的数据输出。

示例 10.10 数据路径的 RTL 描述

```
module data_path (
    input  logicclk, reset_n, data_in,data_ready,
    output logicdata_out,
    enable_out
);
```

```
    always_ff @(posedge clk, negedge reset_n) begin :
      data_control
      if (~reset_n) begin
        data_out   <= 0;
        enable_out <= 0;
      end else if (data_ready) begin
        data_out   <= data_in;
        enable_out <= 1;
      end else begin
        data_out   <= 0;
        enable_out <= 0;
      end
    end : data_control
endmodule
```

至此, 我们就完成了一个高效的 FSM 控制器, 主要包括独立的数据路径和控制路径(Mealy 状态机)模块。示例 10.11 是将对应的模块进行实例化封装。

示例 10.11 数据路径和控制路径独立的 FSM 控制器

```
module fsm_controller (
    input  logicclk, reset_n, enable_in, data_in, data_ready,
    output logicdata_out
);
  logic enable_out;
  data_path u1 (.*);  //implicit port connections
  fsm_control_path u2 (.*);  //implicit port connections
endmodule
```

综合后的结果中将包含独立的数据路径和控制路径。类似这种类型的设计比较容易进行问题的定位, 使用起来也比较方便, 也更容易达到要求的设计频率。

10.13 FSM优化

在进行设计时, 为了实现期望的约束和目标, 需要在 RTL 级别对设计进行优化, 而为了获得更好的 FSM, 可参考如下方法:

（1）使用多个过程块对状态机进行建模，always_ff 过程块用于状态寄存器逻辑，always_comb 组合逻辑过程块用于下一状态逻辑和输出逻辑。

（2）为了获得更好和更干净的时序，使用独热码状态机。

（3）考虑通过重叠序列优化状态。

（4）考虑使用 Mealy 重叠状态机减少电路面积。

（5）设计状态机时将数据路径和控制路径分开，同时考虑使用资源共享方法。

（6）为了避免输出产生毛刺，考虑使用时序逻辑作为输出边界。

（7）使用枚举类型替换直接使用具体数值，同时使用 unique case 和反向 case 等语句，以获得时序更干净的数据路径。

10.14　总结和展望

下面是对本章要点的总结：

（1）FSM 可用于对任何时序电路进行建模。

（2）FSM 分为 Moore 状态机和 Mealy 状态机。

（3）Moore 状态机的输出是当前状态的函数。

（4）Mealy 状态机的输出是当前状态和输入的函数。

（5）编码方法主要有二进制码、格雷码和独热码。

（6）为了获得更干净的数据路径，可以采用使用了独热码编码的 unique case 语句。

（7）FSM 建模采用枚举数据类型。

（8）状态机应该由独立的数据路径模块和控制路径模块组成。

（9）为了避免输出产生毛刺，使用时序逻辑作为输出边界。

本章我们讨论了使用 SystemVerilog 结构实现 FSM，下一章我们将重点讨论 SystemVerilog 中的端口和接口。

第 11 章　SystemVerilog中的端口和接口

SystemVerilog 中的接口是自动化过程中的强大机制

SystemVerilog 增加了很多功能强大的结构，例如对于各种类型端口隐式连接方式的增强（".name"和".*"连接方式）、extern 和内嵌的模块等。此外，还提供了接口、带有旗语和信箱的虚接口。这些结构在设计和验证过程中发挥了重要的作用。本章将讨论这些结构的用法及其在设计验证中的应用。

11.1　Verilog中的端口名连接方式

我们知道，在 Verilog 中模块实例化连接时采用的是端口一对一连接方式，这是一种按照端口名的连接方式。但是假如设计有数百个端口，如果还采用一个端口一个端口的连接方式，那么这将是一项非常耗费时间的工作。示例 11.1 中，模块例化和连接采用了这种一对一的连接方式。

示例 11.1　Verilog 模块例化

```
module FIFO #(
    parameter address_size = 4,
    parameterdata_size = 8
) (
    input write_clk, read_clk,
    input write_incr, read_incr,
    input wreset_n, rreset_n,
    input [data_size-1:0] write_data,
    output [data_size-1:0] read_data,
    output read_empty, write_full,
    input [address_size-1:0] read_address, write_address
);
    wire [address_size:0] write_pointer, read_pointer,
    write_pointer_s, read_pointer_s;
    //FIFO 存储体例化
    FIFO_Memory #(data_size, address_size) FIFO_inst (
        .write_clk(write_clk),
        .read_clk(read_clk),
        .write_full(write_full),
        .write_en(write_incr),
        .write_data(write_data),
```

```
    .read_data(read_data),
    .write_address(write_address),
    .read_address(read_address)
);
// 写到读时钟域同步逻辑实例化
synchronous_write_read #(address_size) sync1 (
    .read_clk(read_clk),
    .read_pointer_s(read_pointer_s),
    .rreset_n(rreset_n),
    .write_pointer(write_pointer)
);
// 读到写时钟域同步逻辑实例化
synchronous_read_write #(address_size) sync2 (
    .write_clk(write_clk),
    .read_pointer(read_pointer),
    .wreset_n(wreset_n),
    .write_pointer_s(write_pointer_s)
);
// 写满逻辑实例化
write_full full (
    .write_clk(write_clk),
    .write_incr(write_incr),
    .wreset_n(wreset_n),
    .write_pointer(write_pointer),
    .write_pointer_s(write_pointer_s),
    .write_full(write_full)
);
// 读空逻辑实例化
read_empty empty (
    .read_clk(read_clk),
    .read_incr(read_incr),
    .rreset_n(rreset_n),
    .read_empty(read_empty),
    .read_pointer(read_pointer),
    .read_pointer_s(read_pointer_s)
```

```
    );
endmodule
```

11.2 ".name" 隐式端口连接

示例 11.2 中，在模块实例化连接时，使用 SystemVerilog 中的 ".name" 隐式端口连接的方式，但是其中只有端口名相同的端口可以使用 ".name" 隐式端口连接方式，如果端口名不同，那么我们在进行连接时，仍需要采用 ".name_port_module(name_temp_signal)" 的方式进行连接。

示例 11.2 SystemVerilog 中的 ".name" 隐式端口连接

```
module FIFO #(
    parameter address_size = 4,
    parameter data_size = 8
) (
    input write_clk, read_clk,
    input write_incr, read_incr,
    input wreset_n, rreset_n,
    input [data_size-1:0] write_data,
    output [data_size-1:0] read_data,
    output read_empty, write_full,
    input [address_size-1:0] read_address, write_address
);
  wire [address_size:0] write_pointer, read_pointer,
    write_pointer_s, read_pointer_s;
  //FIFO 存储体例化
  FIFO_Memory #(data_size, address_size) FIFO_inst (
      .write_clk,
      .read_clk,
      .write_full,
      .write_en(write_incr),
      .write_data,
      .read_data,
      .write_address,
```

```
        .read_address
    );
    // 写到读时钟域同步逻辑实例化
    synchronous_write_read #(address_size) sync1 (
        .read_clk,
        .read_pointer_s,
        .rreset_n,
        .write_pointer
    );
    // 读到写时钟域同步逻辑实例化
    synchronous_read_write #(address_size) sync2 (
        .write_clk,
        .read_pointer,
        .wreset_n,
        .write_pointer_s
    );
    // 写满逻辑实例化
    write_full full (
        .write_clk,
        .write_incr,
        .wreset_n,
        .write_pointer,
        .write_pointer_s,
        .write_full
    );
    // 读空逻辑实例化
    read_empty empty (
        .read_clk,
        .read_incr,
        .rreset_n,
        .read_empty,
        .read_pointer,
        .read_pointer_s
    );
endmodule
```

11.3　".*" 隐式端口连接

SystemVerilog 的另一种隐式端口连接方式是".*"，这种方式允许设计人员和验证人员使用字符".*"连接所有的端口，但是如果其中有端口名不一样的情况，此时该端口连接可使用"(.*,.port_name(tmp_signal))"方式实现连接。示例 11.3 中模块实例化时采用了".*"隐式连接和混合端口连接方式。

示例 11.3　SystemVerilog 中的".*"隐式端口连接

```
module FIFO #(
    parameter address_size = 4,
    parameter data_size = 8
) (
    input write_clk, read_clk,
    input write_incr, read_incr,
    input wreset_n, rreset_n,
    input [data_size-1:0] write_data,
    output [data_size-1:0] read_data,
    output read_empty, write_full,
    input [address_size-1:0] read_address, write_address
);
  wire [address_size:0] write_pointer, read_pointer,
    write_pointer_s, read_pointer_s;
  //FIFO 存储体例化
  FIFO_Memory #(data_size, address_size) FIFO_inst (.*);
  // 写到读时钟域同步逻辑实例化
  synchronous_write_read #(address_size) sync1 (.*);
  // 读到写时钟域同步逻辑实例化
  synchronous_read_write #(address_size) sync2 (.*);
  // 写满逻辑实例化
  write_full full (.*);
  // 读空逻辑实例化
  read_empty empty (.*);
endmodule
```

11.4 内嵌模块

SystemVerilog 的优点之一在于，允许通过保留所需的层次结构来内嵌模块。例 11.4 描述了使用内嵌模块的桶型移位器。

示例 11.4 使用 SystemVerilog 描述的内嵌模块

```
module mux_logic (
    output logic y_out,
    input [7:0] d_in,
    input [2:0] c_in
); //8 位桶型移位器子模块
  always_comb begin
    if (c_in == 3'b000) y_out = '0;
    else if (c_in == 3'b001) y_out = d_in[1];
    else if (c_in == 3'b010) y_out = d_in[2];
    else if (c_in == 3'b011) y_out = d_in[3];
    else if (c_in == 3'b100) y_out = d_in[4];
    else if (c_in == 3'b101) y_out = d_in[5];
    else if (c_in == 3'b110) y_out = d_in[6];
    else if (c_in == 3'b111) y_out = d_in[7];
    else y_out = '0;
  end
  module barrel_shifter (
    input  [7:0] d_in,
    input  [2:0] c_in,
    output [7:0] q_out
  );
    //8 位桶型移位器主模块
    mux_logic inst_m1 (
        q_out[0],
        d_in,
        c_in
    );
    mux_logic inst_m2 (
        q_out[1],
```

```
            {d_in[0], d_in[7:1]},
            c_in
        );
        mux_logic inst_m3 (
            q_out[2],
            {d_in[1:0], d_in[7:2]},
            c_in
        );
        mux_logic inst_m4 (
            q_out[3],
            {d_in[2:0], d_in[7:3]},
            c_in
        );
        mux_logic inst_m5 (
            q_out[4],
            {d_in[3:0], d_in[7:4]},
            c_in
        );
        mux_logic inst_m6 (
            q_out[5],
            {d_in[4:0], d_in[7:5]},
            c_in
        );
        mux_logic inst_m7 (
            q_out[6],
            {d_in[5:0], d_in[7:6]},
            c_in
        );
        mux_logic inst_m8 (
            q_out[7],
            {d_in[6:0], d_in[7:7]},
            c_in
        );
    endmodule : barrel_shifter
endmodule : mux_logic
```

11.5　外部模块

extern 模块声明由 extern 关键字、模块名称以及 module 的端口列表组成。SystemVerilog 的 extern 模块还有一个特性，即支持 extern 模块声明时，其后的端口列表可以被 extern 模块内部定义的其他模块访问，又因为其结构的特殊性，所以支持 extern 模块声明与模块的定义独立编译，并且 extern 模块声明允许在不定义模块本身的情况下对模块进行端口声明。

示例 11.5　extern 模块

```
module half_adder (
    input  wire  a_in, b_in,
    output logic sum_out, carry_out
);
  assign sum_out   = a_in ^ b_in;
  assign carry_out = a_in & b_in;
endmodule : half_adder
```

11.6　接　口

在 Verilog 中，模块之间的连接是通过模块的端口列表实现的，但是对于大型的设计，这种方法效率比较低下，主要原因如下：

（1）手动连接数百个端口将非常耗费时间并且容易出错。

（2）需要对所需连接端口有详细的了解。

（3）如果设计发生变化，这种方法就会出现问题，改动起来比较麻烦。

为此 SystemVerilog 引入了一个新的功能强大的特性，即接口（interface）。接口实现了对于模块之间相互通信连接的封装，同时接口还有以下特点：

（1）接口可以作为成员传递。

（2）实现了块之间的结构化通信。

（3）接口中不能包含模块的定义或者实例。

（4）接口提高了设计的复用性。

（5）接口可以包含任务和函数。

（6）如果接口单独声明于一个单独的文件，那么接口是可以单独编译的。

（7）接口中可以使用功能覆盖率和断言，实现对于协议的检查。

（8）使用接口可以减少因为模块连接导致的错误。

接口声明由 interface 关键字和接口名称组成。

```
interface identifier;
…
interface_items
…
endinterface : identifier
```

示例 11.6 是一个接口声明的示例。

示例 11.6 接口声明

```
interface intf_1 #(
    parameter width = 16
) (
    input clk
);
  logic read, enable;
  logic [width -1 : 0] address, data;
endinterface : intf_1
```

示例 11.6 中，信号 read、enable、address 和 data 打包成 "intf_1"。接口当然也可以有方向，接口的方向可以是 input、output 和 inout。信号 clk 对于接口的方向是 input。接口也可以像模块一样有自己的参数，并且声明方式也很像模块，但是接口定义时使用的关键字是 interface 和 endinterface。在模块中可以通过层次化引用的方式引用接口中的信号。

下面我们通过示例学习在 DUT 和测试平台等模块中如何使用接口。

示例 11.7 接口在模块和测试平台中的应用

```
interface intf #(
    parameter width = 16
) (
```

```
    input clk
);
  logic read, enable;
  logic [width-1:0] address, data;
endinterface


module DUT (
    intf dUT_if
);  // 声明接口
  always_ff @(posedge dUT_if.clk)
    if (dUT_if.read)  // 采样信号
      $display("Read is asserted");
endmodule


module testbench (
    intf tb_if
);
  initial begin
    tb_if.read = 0;
    repeat (3) #20 tb_if.read = ~tb_if.read;  // 驱动信号
    $finish;
  end
endmodule
module top_tb ();
  bit clk;
  initial forever #10 clk = ~clk;
  intf bus_if (clk);  // 接口实例化
  DUT dut (bus_if);  // 使用接口连接 DUT 和测试平台
  testbench TB (bus_if);
endmodule
```

11.7　使用命名包的接口

SystemVerilog 中接口的最简单形式就是对变量或者线网进行打包。当接口作为端口被引用时，其中的变量和线网的方向默认分别是 ref 和 inout。

示例 11.8　SystemVerilog 中使用命名包的接口

```
interface simple_bus;  //定义接口
  logic req, gnt;
  logic [7:0] addr, data;
  logic [1:0] mode;
  logic start, rdy;
endinterface : simple_bus
module memMod (
    simple_bus a,  //访问接口 simple_bus
    input bit clk
);
  logic avail;
  //memMod 实例化在 top 中，其中 a.req 是接口 simple_bus 实例化为
    sb_intf 后，sb_intf 中的信号 req
  always @(posedge clk) a.gnt <= a.req & avail;
endmodule
module cpuMod(
    simple_bus b,
    input bit clk
);
…
endmodule
module top;
  logic clk = 0;
  simple_bus sb_intf ();  // 实例化接口
  memMod mem (
      sb_intf,
      clk
  );  // 连接接口和模块的实例
  cpuMod cpu (
```

```
        .b    (sb_intf),
        .clk(clk)
    );    // 按位置或者端口名方式连接
endmodule
```

在上面的代码中，如果 memMod 和 cpuMod 模块端口声明部分的接口标识符都属于同样的接口 simple_bus，那么 memMod 和 cpuMod 模块在 top 中实例化连接时，就可以采用示例 11.9 的隐式端口声明方式进行连接。

示例 11.9

```
module memMod (
    simple_bus sb_intf,
     input bit clk
);
…
endmodule
module cpuMod (
    simple_bus sb_intf,
     input bit clk
);
…
endmodule
module top;
  logic clk = 0;
  simple_bus sb_intf ();
  memMod mem (.*);   //.* 隐式端口连接
  cpuMod cpu (.*);   //.* 隐式端口连接
endmodule
```

11.8 通用接口

对未指定接口的引用称之为通用接口引用，这种通用接口的引用只能通过使用端口声明列表的方式被引用，其方式类似于 Verilog-1995 中描述的对于端口的引用。

示例 11.10 展示了如何在模块的定义中指定通用接口。

示例 11.10 SystemVerilog 中的通用接口

```systemverilog
//memMod 和 cpuMod 可以使用任何接口
module memMod (
    interface a,
    input bit clk
);
…
endmodule
module cpuMod(
    interface b,
    input bit clk
);
…
endmodule
interface simple_bus;  // 接口定义
  logic req, gnt;
  logic [7:0] addr, data;
  logic [1:0] mode;
  logic start, rdy;
endinterface : simple_bus
module top;
  logic clk = 0;
  simple_bus sb_intf ();  // 接口实例化
  // 通过 memMod 和 cpuMod 模块的通用接口
  // 引用 simple_bus 接口的实例 sb_intf
  memMod mem (
      .a  (sb_intf),
      .clk(clk)
  );
  cpuMod cpu (
      .b  (sb_intf),
      .clk(clk)
  );

endmodule
```

隐式端口连接不能用于通用接口，但是命名端口的连接方式可用于通用接口，如示例 11.11 所示。

示例 11.11

```
module memMod (
    interface a,
    input bit clk
);
…
endmodule
module cpuMod (
    interface b,
    input bit clk
);
…
endmodule
module top;
  logic clk = 0;
  simple_bus sb_intf ();
  memMod mem (
      .*,
      .a(sb_intf)
  );  // 部分隐式端口连接
  cpuMod cpu (
      .*,
      .b(sb_intf)
  );  // 部分隐式端口连接
endmodule
```

11.9　接口的端口

简单接口的局限性在于，只有定义于接口内部的线网和变量才能用于端口的连接。

　　其实接口的端口连接也可以用于外部线网或变量的共享，示例 11.12 就用到了接口的端口。

示例 11.12　引用端口

```
interface i1 (
    input   a,
    output b,
    inout   c
);
  wire d;
endinterface
// 线网 a、b 和 c 可以单独指定给接口作为输入，从而可以被其他接口共享
// 下面代码展示了如何给一个接口指定输入，并且使该输入被该接口的两个实例共享
interface simple_bus (
    input bit clk
);  // 定义接口
  logic req, gnt;
  logic [7:0] addr, data;
  logic [1:0] mode;
  logic start, rdy;
endinterface : simple_bus
module memMod (
    simple_bus a
);  // 使用接口
  logic avail;
  always @(posedge a.clk)  // 来自于接口的 clk
    a.gnt <= a.req & avail;  //a.req 来自于 "simple_bus" 接口内
endmodule
module cpuMod (
    simple_bus b
);
…
endmodule
module top;
```

```
    logic clk = 0;
    simple_bus sb_intf1 (clk);   // 接口实例化
    simple_bus sb_intf2 (clk);   // 接口实例化
    memMod mem1 (.a(sb_intf1));   //mem1 引用接口 simple_bus 1
    cpuMod cpu1 (.b(sb_intf1));
    memMod mem2 (.a(sb_intf2));   //mem2 引用接口 simple_bus 2
    cpuMod cpu2 (.b(sb_intf2));
  endmodule
```

注意：本例中，因为 memMod 和 cpuMod 模块中接口名不匹配，所以这两个模块实例化连接时不能使用隐式端口连接。

11.10　modport

在模块内，为了对接口的访问进行限制，可以在接口内声明带有方向的 modport 列表。modport 主要用于指定信号的方向，信号的方向是相对于使用该接口的模块端口而言。在模块内，根据 modport 声明时指定的方向，实现对模块内接口访问的约束。

以下是使用 modport 时一些重要的关注点：

（1）指定的信号的方向是相对于模块的。

（2）在 modport 列表中，只能使用信号名。

（3）在 DUT 和测试平台使用 modport 时，必须对 modport 进行定义。

示例 11.13　modport 声明 (1)

```
interface i2;
  wire a, b, c, d;
  modport master(input a, b, output c, d);
  modport slave(output a, b, input c, d);
endinterface
```

在示例 11.13 中，通过 modport 为所在接口在不同模块中访问时，其中的信号指定了方向。下面我们将讨论 modport 选择使用的两种不同方式。

11.10.1　模块声明中的modport名

示例 11.14 中，在模块声明时使用了 modport，可以在端口声明时控制信号的方向。

示例 11.14　模块声明时使用 modport

```
interface simple_bus (
    input bit clk
);  // 接口定义
  logic req, gnt;
  logic [7:0] addr, data;
  logic [1:0] mode;
  logic start, rdy;
  modport slave(input req, addr, mode, start, clk,
    output gnt, rdy, ref data);
  modport master(input gnt, rdy, clk, output req, addr,
    mode, start, ref data);
endinterface : simple_bus
module memMod (
    simple_bus.slave a
);  // 接口名和 modport 名
  logic avail;
  always @(posedge a.clk)  // 来自于接口的时钟 clk
    a.gnt <= a.req & avail;  // 来自于接口中的 gnt 和 req
endmodule
module cpuMod (
    simple_bus.master b
);
…
endmodule
module top;
  logic clk = 0;
  simple_bus sb_intf (clk);  // 接口实例化
  initial repeat (10) #10 clk++;
  memMod mem (.a(sb_intf));  // 连接接口和模块实例
```

```
    cpuMod cpu (.b(sb_intf));
endmodule
```

11.10.2　模块实例化和modport

在模块实例化时使用 modport 名，可以在限制被访问的接口信号同时控制信号的方向。

示例 11.15　模块实例化中的 modport

```
interface simple_bus (
    input bit clk
);  // 接口定义
  logic req, gnt;
  logic [7:0] addr, data;
  logic [1:0] mode;
  logic start, rdy;
  modport slave(input req, addr, mode, start, clk, output
    gnt, rdy, ref data);
  modport master(input gnt, rdy, clk, output req, addr, mode,
    start, ref data);
endinterface : simple_bus
module memMod (
    simple_bus a
);  // 使用接口名
  logic avail;
  always @(posedge a.clk)  // 来自于接口的时钟 clk
    a.gnt <= a.req & avail;  // 来自于接口中的 gnt 和 req
endmodule
module cpuMod(
    simple_bus b
);
…
endmodule
module top;
  logic clk = 0;
  simple_bus sb_intf (clk);  // 接口实例化
```

```
    initial repeat (10) #10 clk++;
    memMod mem (sb_intf.slave);  // 连接接口的 modport 和模块实例
    cpuMod cpu (sb_intf.master);
endmodule
```

关于 modport，还有以下几点需要注意：

（1）modport 中可以使用表达式。

（2）modport 可以有自己的名字。

（3）模块可以使用 modport 名。

11.11　接口中的方法

在接口中可以包含 task 和 function 的定义，这样可以使我们在更高的抽象层次进行建模。示例 11.16 展示了接口中方法的定义。

示例 11.16　接口中的方法

```
interface int_f (input clk);
logic read, enable,
logic [7:0] address,data;
task m_Read(input logic [7:0] read_address); // 主机读方法
…
endtask : m_Read
task s_Read; // 从机读方法
…
endtask : s_Read
endinterface :int_f
```

11.12　虚接口

虚接口提供了一种将抽象模型和测试程序与构成设计的实际信号分离的机制。virtual interface 实现了同一个子程序对设计的不同部分进行操作，并可以动态控制与子程序相关的一组信号，用户可以只控制虚接口中的信号，不用再直接对实际信号进行引用处理。

示例 11.17 虚接口示例

```
module testbench (
    intf.tb tb_if
);
  virtual interface intf.tb local_if; // 虚接口
  //…
  taskread (virtual interface intf.tb tb_if) // 作为任务的参数
  //…
  initial begin
    local_if = tb_if; // 初始化虚接口
    local_if.cb.read <= 1; // 对同步信号 read 进行写操作
    read(local_if); // 将接口传递给任务
  end
endmodule
```

在示例 11.17 中，local_if 就像一个指针一样，表示一个接口实例。示例中使用关键字"virtual"创建虚接口实例，虚接口本身没有任何信号，但是指向物理接口。tb_if 是物理接口，在编译阶段确定分配。你可以对物理接口进行驱动和采样。物理接口 tb_if 赋给虚接口 local_if 之后，虚接口就可以驱动和采样物理信号了，示例中的 read 信号就是使用虚接口 local_if 进行访问的。

使用虚接口的优势：

（1）使用虚接口，可以使测试平台独立于物理接口，并且可以在与多端口协议进行交互的同时，使测试平台组件的开发独立于 DUT/DUV。

（2）使用虚接口只可以动态改变指向物理接口。

（3）如果没有虚接口，那么所有的连接都在编译阶段完成，也不能进行随机化或者再配置。

（4）在多端口的环境中，可以通过数组索引的方式访问物理接口。

（5）在面向对象编程中不允许使用物理接口，因为物理接口是在编译时分配确定的。而程序运行过程中，虚接口在面向对象编程时不仅可以对信号进行访问，也可以对变量进行访问。

（6）虚接口可以作为任务、函数或者其他方法的参数进行传递，也允许使用"=="和"!="。

（7）虚接口在使用前必须进行初始化，如果没有初始化，默认虚接口的值为 null，如果尝试对未初始化的虚接口进行访问将会导致运行错误。

11.13 旗 语

从概念上来说，旗语可以理解为一个"钥匙桶"。当一个旗语创建之后，其中就会包含一定数量的"钥匙"。使用旗语的进程在运行之前，必须要从"钥匙桶"中获取到"钥匙"才能执行。如果一个进程获取到了一个"钥匙"，那么这个进程中相关程序就会同时运行。而其他没有获得足够"钥匙"的进程就需要等待，直到有足够数量的"钥匙"返回桶中。

旗语经常用于互斥访问、对共享资源的访问控制和一些基本的同步操作。下面是创建旗语的示例：

```
semaphore smTx;
```

旗语是一个内建的类，其中有很多内嵌的方法，常用的方法如下：

new(): 创建一个具有指定数目"钥匙"的旗语对象。

get(): 从"钥匙桶"中获取一个或者多个"钥匙"。

put(): 向"钥匙桶"中放回一个或者多个"钥匙"

try_get(): 尝试获取一个或者多个"钥匙"，但是不会阻塞程序的执行。

11.13.1 new()

旗语对象的创建是通过方法 new() 实现的，new() 方法的原型如下：

```
function new(int keyCount=0);
```

keyCount 指定了旗语对象创建时"钥匙桶"中的"钥匙"数目。当我们将更多的"钥匙"放入"钥匙桶"时，"钥匙桶"中的"钥匙"数目会超过 keyCount 的值。keyCount 的默认值是 0。

new() 函数的返回值是指向该旗语对象的句柄。如果旗语对象不能被创建，那么返回值为 null。

11.13.2　put()

旗语的 put() 方法用于将指定数目的"钥匙"返回旗语。该 put() 方法的原型如下：

```
function void put(int keyCount=1);
```

keyCount 指定要返回的"钥匙"的数目，默认值是 1。当我们调用 semaphore.put() 函数时，指定数量的"钥匙"将返回旗语。如果其他进程已经在等待"钥匙"，则该进程在得到足够数目的"钥匙"之后执行。

11.13.3　get()

旗语中的 get() 方法用于从旗语中获取指定数量的"钥匙"，get() 方法的原型如下：

```
task get(int keyCount=1);
```

keyCount 指定从旗语获取所需要的"钥匙"数，默认值为 1。如果指定数量的"钥匙"可用，则该方法返回并继续执行。如果指定数量的钥匙不足，进程将阻塞，直到有足够的"钥匙"。旗语的等待队列是一个先进先出的 FIFO，旗语仅仅只能保持进程到达的顺序。

11.13.4　try_get()

旗语中的 trg_get() 方法主要用于从旗语中获取指定数目的"钥匙"，但是不会阻塞程序的执行。try_get() 方法的原型如下：

```
function int try_get (int keyCount = 1);
```

keyCount 指定需要从旗语中获取的"钥匙"数目，默认值为 1。如果有足够的"钥匙"可用，那么函数返回 1。如果指定数量的钥匙不足，则函数返回 0。示例 11.18 是旗语的示例。

示例 11.18　SystemVerilog 旗语示例

```
class monitor;
  virtual DUT_if vif;
  mailbox scb_mailbox;
  semaphore sem;
  function new();
    sem = new(1);
```

```
      endfunction
    task execute();
      $display("T = %0t [Monitor] starting…", $time);
      sample_port("Thread0");
    endtask
    task sample_port(string tag = "");
      // 该任务检测接口数据包的传输
      // 当数据是完整的，将数据发送至信箱
      forever begin
        @(posedge vif.clk);
        if (vif.reset_n & vif.valid_data) begin
          DUT_item item = new;
          sem.get();
          item.addresss_in = vif.address_in;
          item.data_in = vif.data_in;
          $display("T = %0t [Monitor] %s address data in",
            $time, tag);
          @(posedge vif.clk);
          sem.put();
          item.address_out = vif.address_out;
          item.data_out = vif.data_out;
          $display("T = %0t [Monitor] %s address data out",
            $time, tag);
          scb_mailbox.put(item);
          item.print({"Monitor_", tag});
        end
      end
    endtask
  endclass
```

11.14 信　箱

mailbox 是一种在进程间交换信息的机制，一个进程可以向信箱发信息，另一个进程可以从信箱获取信息。

信箱是一个内建的类，其中提供的内建的方法如下：

new(): 创建信箱。

put(): 将信息放入信箱。

try_put(): 非阻塞地将信息放入信箱。

get/peek(): 从信箱中取出一个数据。

try_get()/try_peek(): 非阻塞地从信箱中取出一个信息。

num(): 返回信箱中信息的个数。

示例 11.19 SystemVerilog 中的信箱

```
task execute();
  $display("T = %0t [Driver] starting…", $time);
  @(posedge vif.clk);
  // 获取一个新的消息
  // 将包中内容发送至接口
  forever begin
    DUT_item item;
    $display("T = %0t [Driver] waiting for the item…", $time);
    driver_mailbox.get(item);
    item.print("Driver");
    vif.valid_data <= 1;
    vif.address_in <= item.addr_in;
    vif.data_in <= item.data_in;
    // 当数据发送完毕，触发 drive_done 事件
    @(posedge vif.clk);
    vif.valid_data <= 0;
    ->driver_done;
  end
endtask
```

11.15 总结和展望

下面是对本章要点的总结：

（1）SystemVerilog 中模块例化时可以使用".name"和".*"方式实现端口连接。

（2）SystemVerilog 可以通过保留所需的层次结构来内嵌模块。

（3）SystemVerilog 支持使用关键字 extern 声明外部模块，其后的端口列表可以访问 extern 模块定义内部的其他模块。

（4）接口实现了对于模块之间相互通信连接的封装。

（5）对未指定接口的引用称之为通用接口引用，这种通用接口的引用只能通过使用端口声明列表的方式被引用。

（6）modport 中可以有表达式。

（7）modport 可以有自己的名字。

（8）模块可以使用 modport 名。

（9）virtual interface 实现了同一个子程序对设计的不同部分进行操作，并可以动态控制与子程序相关的一组信号。

（10）从概念上来说，旗语可以理解为一个"钥匙桶"。当一个旗语创建之后，其中就会包含一定数量的"钥匙"。

（11）mailbox 是一种在进程间交换信息的机制，一个进程可以向信箱发信息，另一个进程可以从信箱获取信息。

本章我们讨论了 SystemVerilog 中的端口和接口，下一章我们讨论的重点是 SystemVerilog 应用于验证过程中结构及其使用方法。

第 12 章 验证结构

SystemVerilog 在设计和验证中被广泛使用

仅完成期望规格要求的硬件设计，并不算完整完成了整个设计目标。设计功能的正确性还需要使用各种边角用例进行验证确认。功能验证中一般没有任何延迟，但是需要能够产生设计运行需要的期望激励。

在前边学习的一些章节中，我们知道完成一款复杂 SoC 的验证是一项非常耗费时间的工作，占据了整个研制周期的 75% ~ 80%。验证团队的目标是开发验证环境、制定验证计划并编写测试用例对设计功能的正确性进行验证。功能验证是没有延迟的，但是时序仿真是有延迟的。

验证可以在逻辑层面和物理层面进行，本章不涉及物理层面的验证，本章的主要目标是理解验证结构、不可综合结构，以及如何使用这些结构进行 ASIC 和 SoC 设计的验证。

正如我们大家知道的那样，我们可以进行模块级、顶层和芯片级的验证，这三种验证的验证复杂度是不同的，因此，验证团队要付出大量的努力。下面的章节，我们将讨论验证过程中使用到的不可综合的过程块、延迟及一些验证结构。

12.1　initial 过程块

initial 过程块只执行一次，常用于给中间变量和需要的端口赋初值。这样做的目的是在仿真时仿真器不会将这些变量和端口驱动为不定态（x），这种初始化的操作一般都位于 module 中 initial 过程块中。

例如，我们要产生一个在设计和验证过程中使用的时钟，第一步就是要将时钟（clk）初始化为期望的二进制值，这里假设初始化为 0。另外还有复位信号，复位信号 reset_n 低电平有效，在 0 时刻触发，这样的操作可以实现初始化，reset_n 保持一定的时间，然后将 reset_n 赋值为 1，复位撤销。

示例 12.1 是使用 initial 过程块实现的上述操作对应的代码，initial 过程块只执行一次。首先初始化时钟为 0，然后在仿真 0 时刻触发复位，将 reset_n 置为 0 并且保持指定时间。在本例中 reset_n 为 0 保持了 200ns，200ns 后 reset_n 被赋值为 1，复位撤销。

示例 12.1　initial 过程块

```
initial begin
  clk = 1'b0;
```

```
    reset_n = 1'b0;
    #200 reset_n = 1'b1;
  end
```

综合指南：initial 过程块常用于给中间变量和需要的端口赋初值。initial 过程块是不可综合的。

12.2 时钟产生

时钟是一种具有固定持续时间和占空比的周期性信号。下面的代码描述了一个周期为 20ns 的时钟产生。

示例 12.2 时钟产生

```
always #10 clk = ~clk;
```

示例 12.2 使用了 always 过程块，always 过程块是无限循环执行的，时钟信号每 10ns 翻转一次。但是因为代码中的时钟没有初始化，所以这段代码产生的时钟是不定态（x），不能将一个有效的时钟驱动给待验证设计（DUV）。

为此，对代码进行修改，将时钟初始化为 0，并将其补充到对应的代码中，如示例 12.3 所示。

示例 12.3 修改时钟产生

```
initial clk = 1'b0;
always #10ns clk = ~clk;
```

现在我们对示例 12.3 的代码进行分析。这里需要重点考虑的是上述代码块中 initial 过程块和 always 过程块的执行顺序能不能得到保证。答案是不。这是因为一些仿真器可能会在 0 时刻对时钟进行初始化，然后每隔 10ns 将时钟取反，但是有的仿真器的执行顺序可能刚好相反，所以当这两个过程块都用于驱动时钟，可能会产生无效时钟。为此我们将上面两个过程块修改为一个过程块，代码如示例 12.4 所示。

示例 12.4 使用一个过程块的时钟产生代码

```
initial  beign
  clk = 1'b0;
  forever begin
```

```
    #10 ns clk = ~ clk;
  end
end
```

示例 12.4 的代码只有一个过程块，在这个过程块中对时钟进行了初始化，同时产生了有效的 50MHz 时钟。

12.3 产生可变占空比的时钟

假如需要产生一个占空比为 40% 的时钟驱动 DUV，使用 SystemVerilog 可以实现吗？答案是肯定的。为此，我们将使用参数和相应的操作符实现这个时钟产生模块。这里，这段代码的目的并不是要得到一个可综合的电路，只是要为时钟端口产生激励，仿真波形如图 12.1 所示。

示例 12.5 可变占空比的时钟

```
module clock_generator;
  timeunit 1 ns;
  timeprecision 10 ps;
  parameter clock_frequency = 100.0; //100 MHz 时钟
  parameter duty_cycle = 40.0; //40% 占空比
  // 时钟高电平持续时间
  parameter clock_high_time = (duty_cycle * 10)/
    clock_frequency;
  // 时钟低电平持续时间 n
  parameter cloc_low_time = ((100-duty_cycle) * 10)/
    clock_frequency;
  logic clk;
  initial begin
    clk = 1'b0;
    forever begin
      #clock_high_time clk='0;
      #clock_low_time clk='1;
    end
  end
endmodule
```

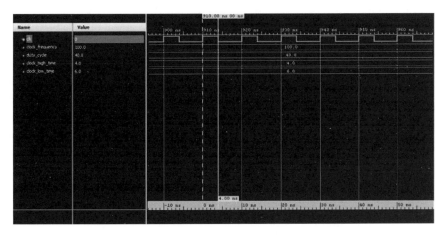

图 12.1　可变占空比的时钟产生器仿真波形

12.4　复位产生逻辑

复位操作的触发和释放都是在 initial 过程块中通过赋值语句完成的。假如有一个低电平有效的复位信号，复位在指定时间后释放，可以通过示例 12.6 的代码实现。

示例 12.6　复位产生逻辑

```
initial begin
  reset_n = '0;
  #200ns reset_n = '1;
end
```

正如示例 12.6 的代码所描述的那样，驱动到 DUV 输入的复位信号的赋值操作发生在 initial 过程块中。

12.5　响应监控机制

测试平台包括的主要组件有激励产生器、驱动器、DUV、响应的检查器和监控器。图 12.2 展示了激励产生器、DUV 和响应检查器 / 监控器三个不同的组件。

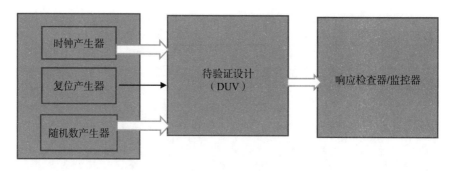

图 12.2 响应监控

SystemVerilog 中提供了一些很重要的系统任务可以有效地用于监测 DUV 的响应，这些任务主要有 $display、$monitor 和 $strobe。

（1）$display: 可以通过自动添加新的行来显示文本，用于显示需要显示的字符串和数据，其语法格式如下所示：

```
$display (" %t The output of up_down counter is %h", $time,
        q_out);
```

其中，系统函数 $time 用于返回当前任务调用时仿真时间，4 位计数器的输出 q_out 的值也会在任务执行后输出，该系统任务执行后输出的信息如下：

```
#100 ns The output of up_down counter is 4'b1010
```

（2）$monitor: 主要用于监测连续输出，使用方式可参见示例 12.7 的代码。$monitor 主要用在 initial 过程块中，对 DUV 的连续输出进行监测。响应监测结果如图 12.3 所示，监测显示了不同数据在不同时间的变化情况。由图 12.3 可知，只要系统任务 $monitor 中的一个参数发生变化，就会显示在新的行显示新的数据。

示例 12.7

```
initial begin
  sel_in = '0;
  enable_in = 1'b0;
  #100
  $monitor("time = %3d,enable_in = %d,sel_in = %d,y_out =
    %d", $time, enable_in, sel_in, y_out);
end
```

```
Time resolution is 1 ps
 time=100,enable_in=1,sel_in=0,y_out=  1
 time=125,enable_in=1,sel_in=1,y_out=  2
 time=150,enable_in=1,sel_in=2,y_out=  4
 time=175,enable_in=1,sel_in=3,y_out=  8
 time=200,enable_in=0,sel_in=0,y_out=  0
 time=225,enable_in=0,sel_in=1,y_out=  0
 time=250,enable_in=0,sel_in=2,y_out=  0
 time=275,enable_in=0,sel_in=3,y_out=  0
$finish called at time : 300 ns
```

图 12.3 响应监测结果

（3）$strobe：也是一个用于监测输出的系统任务，与 $monitor 的区别在于，$monitor 用于监测连续的输出，而 $strobe 用于监测输出在当前仿真时刻最后的值，因此该任务常常显示的是当前时间槽最后的稳定数据。

12.6 响应的转储记录

正如前面几小节介绍的，我们可以使用不同的模块实现时钟的产生、复位的触发和释放，还可以实现对于响应的检查和监测。下面我们将要讨论的是如何对响应进行记录。

DUV 的结果可以保存到一个文件中，通过这个文件中记录的内容来检查功能。而文件的保存可以通过 $dumpvars 和 $dumpfile 来实现。其中 $dumpfile 用于指定要保存的文件名，$dumpvars 用于保存变量数值。下面的这段代码将有助于大家理解响应是如何保存记录的。

示例 12.8 响应转储记录

```
initial begin
  $dumpfile("counter_output.vcd");
  $dumpvars;
end
```

但是随之产生了一个新的问题，使用 $dumpfile 转储响应好吗？面对数百个信号，答案是否定的，因为记录各种信号及其变化将是非常困难和耗费时间的。为此，上述的方法比较适合记录保存信号比较少的设计。

12.7　读取测试向量

测试平台的编写是从构建验证结构和计划文档开始的，文档主要包括验证策略、测试用例、边角用例和测试向量等内容。现在让我们想想，有一个 4 位二进制加法计数器，我们希望创建对应的测试用例和测试向量。

测试用例可以实现复位和复位的撤销操作，测试向量可以用于检查计数器是否实现了初始化，并且是否可以从最大计数值回卷到零。即使是那些边角用例，它们对于检查设计的功能正确性也非常有用。

而另一个测试向量则可以用于检查计数器输出从"0111"转换到"1000"。像这样的类似的测试向量可以保存在单独的文本文件中，并可以在测试台中被使用。

下面是一段测试向量片段：

```
0000
0111
1000
1111
```

假如上边的测试向量都保存在文件 testvectors.txt 中，现在我们使用 SystemVerilog 读取并使用这些测试向量，如示例 12.9 所示。

示例 12.9　使用 SystemVerilog 读取并使用测试向量

```
// 创建数组
logic [3:0] test_vectors[0:3];
logic [3:0] data_vector;
// 读取并使用测试向量
initial begin
  $readmemb("testvectors.txt", test_vectors);
  for (int k = 0; k <= 3; k++) data_vector = test_vectors[k];
end
```

12.8　编写测试平台

示例 12.10 是使用 SystemVerilog 描述的一个 4 位可逆计数器。

示例 12.10　可逆计数器的 RTL 描述

```
module up_down_counter (
    input logic clk, reset_n, load, up_down,
    input logic [3:0] data_in,
    output logic [3:0] q_out
);
  always_ff @(posedgeclk or negedge reset_n) begin
    if (~reset_n) q_out <= '0;   //相当于 4'b0000
    else if (load) q_out <= data_in;
    else if (up_down) q_out <= q_out + 1;
    else q_out <= q_out - 1;
  end
endmodule
```

图 12.4 是示例 12.10 对应的综合结果。

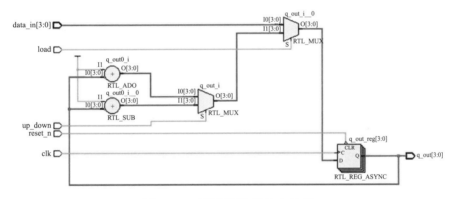

图 12.4　可逆计数器综合结果

对应可逆计数器的测试平台描述保存在文档 tb_up_down.sv 中，对应代码如示例 12.11 所示。

示例 12.11　可逆计数器测试平台

```
module tb_up_down ();
  timeunit 1ns; timeprecision 10ps;

  parameter clock_frequency = 100.0;   //100 MHz 时钟
  parameter duty_cycle = 50.0;   //50% 占空比
  //定义高电平保持时间
```

```verilog
    parameter clock_high_time = (duty_cycle * 10) /
      clock_frequency;
    // 定义低电平保持时间
    parameter clock_low_time = ((100 - duty_cycle) * 10) /
      clock_frequency;
    parameter reset_duration_time = 250;
    logic clk, reset_n, load, up_down;
    logic [3:0] data_in;
    logic [3:0] q_out;
    up_down_counter duv (.*);
    initial begin
      reset_n = '0;
      #reset_duration_time reset_n = '1;
      clk = 1'b0;
      #5ns data_in = 4'h9;
      #100ns data_in = 4'h3;
      #10ns load = '1;
      #20ns load = '0;
      #50ns up_down = '1;
      #150ns up_down = '0;
      #200ns up_down = '1;
      $monitor("time = %3d,reset_n = %d,data_in = %d,up_down =
              %d,load = %d, q_out=%d", $time, reset_n,
              data_in, up_down, load, q_out);
      forever begin
        #clock_high_time clk = '0;
        #clock_low_time clk = '1;
      end
      #300 $finish;
    end
  endmodule
```

图 12.5 是示例 12.11 对应的仿真波形，图 12.6 是使用 $monitor 监测到 DUV 的响应。

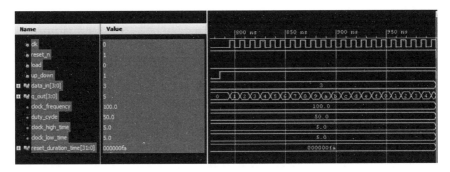

图 12.5　可逆计数器仿真波形

```
Time resolution is 1 ps
 time=785,reset_n=1,data_in= 3,up_down=1,load= 0, q_out= 0
 time=795,reset_n=1,data_in= 3,up_down=1,load= 0, q_out= 1
 time=805,reset_n=1,data_in= 3,up_down=1,load= 0, q_out= 2
 time=815,reset_n=1,data_in= 3,up_down=1,load= 0, q_out= 3
 time=825,reset_n=1,data_in= 3,up_down=1,load= 0, q_out= 4
 time=835,reset_n=1,data_in= 3,up_down=1,load= 0, q_out= 5
 time=845,reset_n=1,data_in= 3,up_down=1,load= 0, q_out= 6
 time=855,reset_n=1,data_in= 3,up_down=1,load= 0, q_out= 7
 time=865,reset_n=1,data_in= 3,up_down=1,load= 0, q_out= 8
 time=875,reset_n=1,data_in= 3,up_down=1,load= 0, q_out= 9
 time=885,reset_n=1,data_in= 3,up_down=1,load= 0, q_out=10
 time=895,reset_n=1,data_in= 3,up_down=1,load= 0, q_out=11
 time=905,reset_n=1,data_in= 3,up_down=1,load= 0, q_out=12
 time=915,reset_n=1,data_in= 3,up_down=1,load= 0, q_out=13
 time=925,reset_n=1,data_in= 3,up_down=1,load= 0, q_out=14
 time=935,reset_n=1,data_in= 3,up_down=1,load= 0, q_out=15
 time=945,reset_n=1,data_in= 3,up_down=1,load= 0, q_out= 0
 time=955,reset_n=1,data_in= 3,up_down=1,load= 0, q_out= 1
 time=965,reset_n=1,data_in= 3,up_down=1,load= 0, q_out= 2
 time=975,reset_n=1,data_in= 3,up_down=1,load= 0, q_out= 3
 time=985,reset_n=1,data_in= 3,up_down=1,load= 0, q_out= 4
 time=995,reset_n=1,data_in= 3,up_down=1,load= 0, q_out= 5
```

图 12.6　$monitor 监测到的响应

　　但是，上述测试平台还是存在问题的，主要问题在于它的可读性比较差，其中混合了时钟产生逻辑、复位的触发和释放以及其他信号的赋值操作等。因此，为了获得更好的可读性和结果，可以使用单独的不可综合模块对上述不同功能的代码进行改进。在接下来的章节中，我们将关注测试平台和进阶的验证结构。

12.9 总结和展望

下面是对本章要点的总结：

（1）SystemVerilog 提供了强大的不可综合结构，这些结构可以广泛应用于验证中。

（2）时序仿真是有延迟的，但是功能验证本身是不带延迟的。

（3）initial 过程块只执行一次，常用于给中间变量和需要的端口赋初值。

（4）建议使用一个过程块实现时钟的初始化和产生逻辑。

（5）复位的触发和释放操作可以在 initial 过程块中通过赋值操作实现。

（6）$display 系统任务可以通过自动添加新的行来显示文本。

（7）$monitor 是一个重要的系统任务，可以用于监测输出的连续变化。

（8）$strobe 用于监测输出在当前仿真时刻最后的值。

（9）验证文档包括验证策略、测试用例、边角用例和测试向量。

本章我们讨论了验证结构和测试平台，下一章我们讨论的重点是事件队列、延迟及一些进阶的验证方法和结构。

第13章 验证技术和自动化

延迟和事件执行顺序在验证过程中扮演着重要角色

在验证过程中，要更好地进行验证，需要对延迟和事件执行顺序有较好的理解。验证团队需要更多地关注各种覆盖目标以及各种延迟、线程和进程的应用。面对这些关注点，本章讨论了事件的调度、fork-join 结构、测试平台中使用的循环，以及其他使验证更加可靠的结构和技术。

正如前面章节提到的那样，验证过程中我们有很多自动化的机制。首先我们可以回忆一下，验证架构一般是由驱动器、DUT 和监控器组成，面对复杂的设计，我们需要在验证过程中实现自动化，因此我们要考虑改进验证结构。改进后的测试平台应该包括待测设计（DUT）、接口、驱动器、产生器、监控器、记分板、测试环境等。

通过下面内容的讨论与学习，读者将理解验证结构中使用的各种块及其在验证过程中的具体应用。

13.1 层次化事件调度

图 13.1 展示了 SystemVerilog 中时间槽所包含的不同区域和事件调度顺序。

时间槽主要划分为 Preponed 区域、Pre-active 区域、Acitve 区域、Inactive 区域、Pre-NBA 区域、NBA 区域、Post-NBA 区域、Oberved 区域、Post-observed 区域、Reactive 区域、Postponed 区域。

现在的重点是理解为什么要将事件的调度划分成这么多不同的时间区域？这是因为对于每一个设计，与测试平台交互的行为都需要是可预测的，所以，时间的调度安排对不同时间槽或区域来说都是必需的。

为此，下面我们进一步讨论层次化事件调度中的各事件区域。

（1）Preponed 区域：在任何线网或者变量状态改变之前，在这个区域允许访问当前时间槽的数据。该区域也是 PLI 回调控制点。

（2）Pre-active 区域：该区域是 PLI 回调控制点，这些控制点允许用户代码读写数值并创建事件。这些事件的创建先于 Active 区域事件的解析。

（3）Acitve 区域：当前事件解析和处理发生在该区域，这些事件的处理顺序是不提供任何保证，即不确定的。

（4）Inactive 区域：保存所有 Active 区域事件处理完毕后要评估的事件。

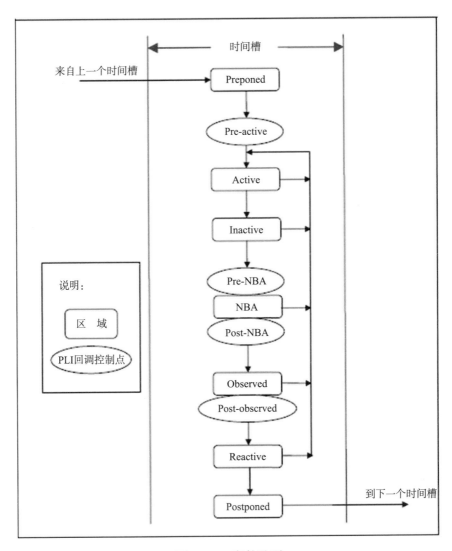

图 13.1 事件队列

（5）Pre-NBA 区域：该区域是 PLI 回调控制点，允许用户代码读写数值并创建事件。在 NBA 区域事件解析之前创建事件。

（6）NBA 区域：在 NBA 区域创建 NBA 赋值事件，并对当前时间槽和下一个时间槽事件排序。

（7）Post-NBA 区域：该区域用于 PLI 回调控制点，允许用户代码读写数值并创建事件。在 NBA 区域内的事件解析后创建事件。

（8）Oberved 区域：SystemVerilog 中的新增区域，用于在触发属性表达式时对其进行解析。属性的解析只能在时钟触发的时间槽中发生一次。

（9）Post-observed 区域：该区域用于 PLI 回调控制点，允许用户代码在属性解析完后读取值。在当前时间槽的 Reactive 区域中，可以对属性解析成功或者失败进行排序。

（10）Reactive 区域：在当前时间槽的 Reactive 区域中，可以对属性解析成功或者失败进行排序。

（11）Postponed 区域：该区域作为 PLI 回调控制块，允许用户代码挂起，直到所有 Active、Inactive 和 NBA 区域执行完成。在当前时间槽内的此区域中，对任何线网或变量进行写入数值都是非法的。

这里需要注意，Active、Inactive、pre-NBA、NBA、post-NBA、Observed、Post-observed 和 Reactive 等区域都是可迭代的。

13.2　延迟和延迟模型

SystemVerilog 支持五种不同类型的延迟，这些类型的延迟由内部、外部、阻塞赋值和非阻塞赋值四种组合而成。

1. 连续赋值中的延迟

下面示例中的连续赋值语句实现了 10ns 的惯性延迟，这种延迟在组合逻辑设计中很有用。

```
assign #10 q_out = data_in;
```

2. 阻塞赋值间的延迟

这种延迟位于阻塞赋值赋值表达式的 LHS。这种延迟赋值在测试平台中经常被使用，可以使仿真器模拟等待 10 个时间单位后再执行赋值操作，在这个延迟等待期间，赋值表达式的任何输入都会被忽略掉。

```
#10 q_out = data_in;
```

3. 阻塞赋值内的延迟

这种延迟位于表达式中的"="符号之后，主要用于阻塞赋值语句中。

```
q_out = #10 data_in;
```

在这种延迟中，data_in 当前的值会在指定延迟后赋给 q_out。

4. 非阻塞赋值间的延迟

这种赋值语句中，延迟值位于非阻塞赋值表达式的 LHS。

```
#10 q_out <= data_in;
```

5. 非阻塞赋值内的延迟

这种延迟位于非阻塞赋值表达式中的 "<=" 符号之后。我们可以将此视为纯粹的延迟，或者换句话说，该延迟可以称为传输延迟，可作为时序设计单元的时序参数。

```
q_out <= #10 data_in;
```

13.3 进程和线程

线程或进程是作为独立实体执行的一段代码。在 fork join 块中可以同时创建多个并行执行的不同线程。fork join 有 fork join、fork join_any、fork join_none 三种不同的形式。

13.3.1 fork join产生线程

如图 13.2 所示，当 fork join 线程内的所有子线程执行完毕后，fork join 线程才算执行完成。

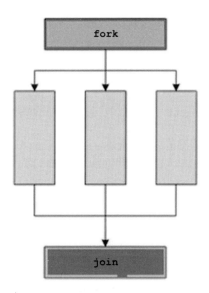

图 13.2 fork join 运行方式

示例 13.1 是使用 fork join 结构的代码。

示例 13.1 fork join 在测试平台中的应用

```
module testbench;
  initial begin
    #2 $display("[%0t ns] Start Thread", $time);
    // 并行触发所有子线程，直到所有子线程执行完毕
    fork
      // 线程1：fork 线程启动 10ns 后打印信息
      #10 $display("[%0t ns] Thread1: Let us display this as
        first thread", $time);
      // 线程2：fork 线程启动指定延迟后打印两条信息
      begin
        #4 $display("[%0t ns] Thread2: Let us print this as
          second thread", $time);
        #8 $display("[%0t ns] Thread2: Let us print this as
          second thread", $time);
      end
      // 线程3：fork 线程启动 20ns 后打印信息
      #20 $display("[%0t ns] Thread3: Let us print this as
        third thread", $time);
    join
    // 主进程：fork-join 一旦执行完毕，继续执行后续的语句
    $display("[%0t ns] let us check for the fork -join",
      $time);
  end
endmodule
```

示例 13.1 对应的仿真日志如下所示：

```
[2 ns] Start Thread
[6 ns] Thread2: Let us print this as second thread
[12 ns] Thread1: Let us display this as first thread
[14 ns] Thread2: Let us print this as second thread
[22 ns] Thread3: Let us print this as third thread
[22 ns] let us check for the fork-join
```

13.3.2 fork join_any产生线程

如图 13.3 所示，当 fork join_any 线程内的所有子线程只要任何一个执行完毕，则 fork join_any 线程就算执行完成。

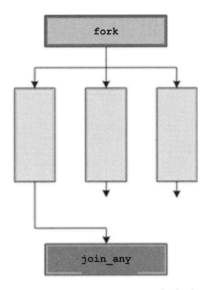

图 13.3 fork join_any 运行方式

示例 13.2 是使用 fork join_any 结构的代码。

示例 13.2 fork join_any 在测试平台中的应用

```
module testbench;
  initial begin
    #2 $display("[%0t ns] Start Thread", $time);
    // 并行触发所有子线程，直到所有子线程执行完毕
    fork
      // 线程1 : fork 线程启动 10ns 后打印信息
      #10 $display("[%0t ns] Thread1: Let us display this as
        first thread", $time);
      // 线程2 : fork 线程启动指定延迟后打印两条信息
      begin
        #4 $display("[%0t ns] Thread2: Let us print this as
          second thread", $time);
        #8 $display("[%0t ns] Thread2: Let us print this as
          second thread", $time);
      end
```

```
    // 线程 3 ： fork 线程启动 20ns 后打印信息
    #20 $display("[%0t ns] Thread3: Let us print this as
        third thread", $time);
  join_any
  // 主进程：fork-join_any中任何一个子进程执行完毕，继续执行后续的
  // 语句
  $display("[%0t ns] let us check for the fork -join_any",
      $time);
  end
endmodule
```

示例 13.2 对应的仿真日志仿真如下所示：

```
[2 ns] Start Thread
[6 ns] Thread2: Let us print this as second thread
[12 ns] Thread1: Let us display this as first thread
[12 ns] let us check for the fork-join_any
[14 ns] Thread2: Let us print this as second thread
[22 ns] Thread3: Let us print this as third thread
```

13.3.3　fork join_none产生线程

如图 13.4 所示，当 fork join_none 线程内的所有子线程全部触发后即可执行 fork join_none 后的语句。

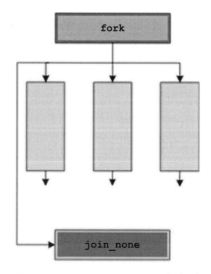

图 13.4　fork join_none 运行方式

示例 13.3 是使用 fork join_none 结构的代码。

示例 13.3　fork join_none 在测试平台中的应用

```
module testbench;
  initial begin
    #2 $display("[%0t ns] Start Thread", $time);
    // 并行触发所有子线程，直到所有子线程执行完毕
    fork
      // 线程1：fork 线程启动 10ns 后打印信息
      #10 $display("[%0t ns] Thread1: Let us display this as
        first thread", $time);
      // 线程2：fork 线程启动指定延迟后打印两条信息
      begin
        #4 $display("[%0t ns] Thread2: Let us print this as
          second thread", $time);
        #8 $display("[%0t ns] Thread2: Let us print this as
          second thread", $time);
      end
      // 线程3：fork 线程启动 20ns 后打印信息
      #20 $display("[%0t ns] Thread3: Let us print this as
        third thread", $time);
    join_none
    // 主进程：fork-join_none 触发所有子进程后，继续执行后续的语句
    $display("[%0t ns] let us check for the fork -join_none",
      $time);
  end
endmodule
```

示例 13.3 对应的仿真日志如下所示：

```
[2 ns] Start Thread
[2 ns] let us check for the fork-join_none
[6 ns] Thread2: Let us print this as second thread
[12 ns] Thread1: Let us display this as first thread
[14 ns] Thread2: Let us print this as second thread
[22 ns] Thread3: Let us print this as third thread
```

13.4　循环及其在测试平台中的应用

我们在第 5 章中讨论了循环结构在硬件设计中的应用，本节我们将讨论循环结构在验证中的应用。

13.4.1　forever循环

forever 循环类似于 while 循环，但是它是一个无限循环。在 forever 块中必须要包含时间延迟信息，这样可以保证输出显示在不同仿真时刻。

示例 13.4

```
module testbench;
  // 在 initial 过程块中使用 forever 循环可以"永远"执行下去
  initial begin
    forever begin
      #5 $display("The SystemVerilog forever loop");
    end
  end
  // 使用另一个并发的 initial 块用于结束仿真
  // 通过在特定时刻使用 $finish 结束仿真
  initial #100 $finish;
endmodule
```

13.4.2　repeat循环

该循环名称本身表明它用于将 begin-end 之间的语句重复执行指定的次数。例如有 repeat(15)，它表示将执行该语句 15 次后退出循环。

示例 13.5

```
module testbench;
  //initial 块将执行 15 次后退出
  initial begin
    repeat (15)
//begin--end 中间的任何信息执行 15 次后退出 repeat(15)
    begin
      $display("The SystemVerilog is powerful verification
        language");
```

```
      end
   end
endmodule
```

13.4.3 foreach循环

我们在第 4 章讨论数组内容的时候已经学习了该结构，这个结构在数组中主要用于遍历数组。特别需要注意的是，在我们不知道数组大小时，我们可以使用 foreach 循环遍历数组。

在使用这个循环时，我们可以设置一个循环变量，该变量值会从 0 开始计数，直到 array_size-1，并且可以在每次循环中该变量都会自动增加。

示例 13.6

```
module testbench;
  bit [7:0] array_fixed[16];  // 声明一个定宽数组
  initial begin
    // 对数组的每个成员赋值
    foreach (array_fixed[index]) begin
      array_fixed[index] = index;
    end
    // 循环遍历打印数组中的值
    foreach (array_fixed[index]) begin
      $display("array_fixed[%d] = %d", index,
        array_fixed[index]);
    end
  end
endmodule
```

13.5 clocking块

SystemVerilog 的一个新增的强大功能是增加了时钟块，下面是 clocking 块的一些重要特点。

（1）用于指定基于时钟的信号。

（2）用于实现模块对于采样和同步建模的需求。

（3）实现了 clocking 块分组中的信号同步于指定的期望时钟。

因为 clocking 块的使用，我们可以有效地实现基于时钟的仿真，同时验证团队可以在更高抽象层次实现测试平台的编写。

这里需要注意的是，根据具体验证环境的需要，测试平台可以有至少一个 clocking 块。

在示例 13.7 中声明了一个 clocking_block 的 clocking 块，该块基于 clk 的上升沿。

示例 13.7 clocking 块

```
//clocking 块名是 clocking_block
clocking clocking_block @(posedge clk);
    // 默认输入信号偏移是 5ns，输出偏移是 1ns
    default input #5ns output #1ns;
    // 输出信号
    output enable_out, addr_out;
    // 输入信号 data_in 的偏移由 clk 的下降沿决定
    input negedge data_in;
endclocking
```

在这个 clocking 块中定义了默认偏移值，其中输入偏移默认是 5ns，输出偏移默认是 1ns。

该 clocking 块的输出信号有 enable_out 和 addr_out 两个。输入信号是 data_in，其偏移并没有使用默认值，而是使用 clk 的下降沿（negedge）。

13.5.1 偏 移

下面我们讨论指定的输入偏移和输出偏移，以及仿真工具是如何解释的？

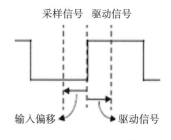

图 13.5 clocking 偏移

输入偏移：指 input 信号采样操作发生在时钟有效沿之前的偏移。

输出偏移：指 output 或者 inout 信号相对于时钟有效沿之后，经过指定的偏移后输出。

需要注意的是，如图 13.5 所示，偏移必须是一个常量，并且可以指定为参数。

表 13.1 给出了三种指定偏移的方式。

表 13.1 偏移方式

偏 移	说 明
#c	偏移为 c 个时间单位
#c ns	偏移为 c 纳秒
#1step	采样发生在当前时间槽的 preponed 区域

另外还有一点需要注意，如果不指定偏移，那么默认的输入偏移为
1step，而输出默认偏移为 0。

13.5.2 接口中的clocking块

在 SystemVerilog 的接口中使用 clocking 块，可以有效减少连接测试平台
的代码量，避免竞争冒险情况的出现。通过使用 clocking 块，使得信号在访问
时额外增加了一层的信号层次，所以在使用时一定要注意层次关系的变化。接
口中的 clocking 块声明使用方式如示例 13.8 所示。

示例 13.8 接口中的 clocking 块

```
interface interface_clocking (
    input clk
);
  logic read_in, enable_in, read_out, enable_out;
  logic [7:0] addr_in, data_out, data_out, data_in;

  clocking clocking_block @(posedge clk);
    // 基于时钟上升沿用于测试平台的 clocking 块
    default input #10ns output #2ns;
    output read_out, read_in, enable_out, addr_out;
    input data_in;
  endclocking

  modport dut(input read_in, enable_in, addr_in,
    output data_out);
  modport testbench(clocking clocking_block);   // 与测试平台同步
endinterface : interface_clocking
module top_tb (
```

```
        interface_clocking.testbench tsetbench_if
);
    //……
    initial testbench_if.clocking_block.read_in <= 1;  //写入被
                                                            同步信号
    //…
endmodule
```

13.6 自动化测试平台

本节我们要讨论的验证结构框图如图 13.6 所示。

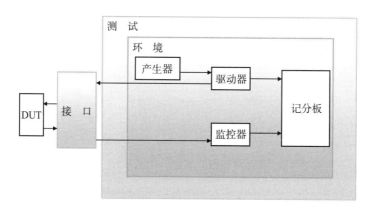

图 13.6　验证结构

这个验证结构包括的主要组件如下：

（1）DUT 或者 DUV：虽然 DUT 表示的是待测设计，DUV 表示的是待验证设计，但一般情况下，DUT 或者 DUV 都可以作为测试平台的组件之一。

（2）接口：接口主要用来对信号进行封装。假如有一个设计有数百个端口，如果要对这些端口信号进行复用将是一件比较困难的事情，为此我们可以将这个设计的所有输入输出端口信号全都封装到接口中，之后我们就可以通过对接口进行驱动访问从而实现对这些端口信号的访问操作。

（3）产生器：产生器作为测试平台的组件之一，它可以创建有效的事务级数据，这些事务级的数据会发送给驱动器。然后，驱动器通过接口将产生器产生的数据发送给 DUT。简而言之，我们可以将驱动器和产生器看作带有预置数据对象的类，而驱动器的角色则是获得数据对象，并与 DUV 之间建立通信。

（4）驱动器：驱动器主要是通过接口中的任务驱动 DUT。那么这个驱动到底应该如何理解呢？例如，我们有一个输入复位信号 reset_n，我们现在要驱动它，就可以调用在接口中预先定义的任务 reset_initialise 来实现，并且不需要理解驱动器和 DUV 之间的时序关系。这主要是因为在接口提供的任务中已经描述了时序关系。我们将这种方式在更高的层次对其进行抽象，从而可以使验证团队能够高效灵活地实现自动化的验证平台，从而可以实现尽管接口改变了，新的驱动程序仍然可以使用相同的任务驱动信号。

（5）监控器：作为测试平台重要组件之一的监控器，主要用于检测 DUV 的响应。监控器将监控到的 DUV 的输出数据转换成数据对象发送给记分板。

（6）记分板：记分板主要用于记录 DUV 的行为，其中可以包含参考模型，参考模型的功能与 DUV 类似。我们将发送给 DUV 的输入同样发送给记分板。如果 DUV 存在功能缺陷，那么 DUV 的输出将与参考模型的不一致，此时记分板就可以告知待测设计存在功能缺陷。

（7）环境和测试用例：首先我们来考虑下测试用例都能干什么：测试用例中会创建环境的对象。因为设计复杂性的提高，我们可能需要创建数千个测试用例，所以不建议在每个测试用例中对创建的环境进行修改，面对这种情况，我们可以考虑只对每个测试用例中的参数进行修改即可。

下一章将讨论存储型模型的验证示例，这有助于理解如何使用 SystemVerilog 实现验证环境中组件。

13.7　总结和展望

下面是对本章要点的总结：

（1）Active、Inactive、pre-NBA、NBA、post-NBA、Observed、Post-observed 和 Reactive 等区域都是可迭代的。

（2）fork join 线程中的所有子线程执行完毕后，该线程才结束。

（3）fork join_any 线程中只要有任何一个线程执行完毕，其后线程将不会阻塞。

（4）fork join_none 线程中的所有子线程触发后，就可以执行其后的线程，即后续线程不用等待子线程执行完毕。

（5）实现了 clocking 块分组中的信号同步于指定的期望时钟。

（6）偏移是一个常量，但可以通过参数指定。

（7）在 SystemVerilog 的接口中使用 clocking 块，可以有效减少连接测试平台的代码量，避免竞争冒险情况的出现。

本章我们讨论了验证结构和测试平台组件的自动化方面的内容，下一章我们主要关注一些进阶的验证结构。

第 14 章　高级验证结构

高级验证技术可以有效加速验证的自动化

面对复杂度较高的设计，发现设计中的缺陷就是验证工作的一个重要目标，而验证的自动化在其中扮演着重要的角色，自动化在随机测试用例和测试向量的生成中发挥着重要作用。为此可以使用断言和测试平台架构方法来实现灵活的测试平台，本章将通过 DUT/DUV、接口、产生器、驱动器、监控器和记分板等组件来实现验证过程的自动化。

14.1 随机化

在任何设计的验证过程中，检查单都是很重要的，而检查单中重点要关注的就是边角用例、测试用例和测试向量。作为验证团队中的一员，如果有人企图通过可视化的验证架构或者计划文档提出测试用例，那么这种手工解决问题的方法的局限性将会是很大的。

例如我们有一个 16 位的处理器，这个处理器实现了加、减、乘、除和其他逻辑运算（异或、取反、与、或等）。现在我们考虑针对算术运算创建测试用例，为此，我们能想到的边角用例只是最大和最小数的情况。

如果要进行的是加法运算，我们将使用最小数和最大数用于设计的操作，并将结果与 DUV 的响应进行比较，检查包括进位输出和结果输出。同样的，如果我们在两个最小数和两个最大数的乘法过程中也使用类似的操作方法，如果 DUV 的响应与边角用例的情况相匹配，那么将表明该设计对所有其他的输入组合也能够正确地响应输出。

但是上面提到的方法是有一定局限性的，自动化一般不只涉及这样的测试用例创建，因为这种测试用例对于缺陷错误的识别以及覆盖率的贡献可能是最小的。因此，面对这种情况，需要使用 SystemVerilog 支持的受约束的随机化的方法。

为了更好地理解随机化，我们考虑一个简单的例子来找到满足 a>b 的数，同时引入类和面向对象编程（OOP）的概念。

1. 定义类

在类中声明两个变量 a_in 和 b_in，代码如示例 14.1 所示。

示例 14.1

```
class multi_bit;
```

```
  bit a_in, b_in;
endclass
```

2. 定义 a_in 大于 b_in 的函数

代码如示例 14.2 所示。

示例 14.2

```
function bit a_in_g_b_in();
  a_in_g_b_in = (a_in > b_in);
endfunction
```

3. 在类中使用函数

代码如示例 14.3 所示。

示例 14.3

```
class multi_bit;
  bit a_in, b_in;
  function bit a_in_g_b_in();
    a_in_g_b_in = (a_in > b_in);
  endfunction
endclass
```

4. 创建对象

代码如示例 14.4 所示。

示例 14.4

```
initial begin
  multi_bit ch;  // 声明句柄
  ch = new();  // 创建对象
  ch.a_in = '1;  // 给 a_in 赋值
  ch.b_in = '0;  // 给 b_in 赋值
  $display("a_in greater than b_in", ch.a_in_g_b_in());
end
```

5. 测试平台其余代码

代码如示例 14.5 所示。

示例 14.5

```
module tb_alu ();
  parameter data_size = 4;
  logic signed [data_size-1 : 0] a_in, b_in, result_out;
  logic signed [data_size-2 : 0] op_code;
  logic clk, reset_n, carry_out;
  clock_generator clkgen (
      .clk,
      .reset_n
  );
  arithmetic_unit duv (
      .clk,
      .op_code,
      .a_in,
      .b_in,
      .result_out,
      .carry_out
  );
  class operands;
    rand logic signed [data_size-1 : 0] o_a_in, o_b_in;
    rand logic signed [data_size-2 : 0] o_op_code;
  endclass
  initial begin
    operands data;
    data = new();
    data.randomize();
    #10ns a_in = data.o_a_in;
    b_in = data.o_a_in;
    #20ns op_code = data.o_op_code;
  end
endmodule
```

14.2 受约束的随机化

如示例 14.6 所示，我们应用受约束的随机化，将数值约束在特定的取值范围内。

示例 14.6

```
class operands;
  rand logic signed [data_size-1 : 0] o_a_in, o_b_in;
  rand logic signed [data_size-2 : 0] o_op_code;
  constraint range {
    o_a_in < 10;
    o_a_in > 5;
    o_b_in < 10;
    o_a_in > 5;
  }
endclass
```

14.3 基于断言的验证

我们大多数人都知道，在验证一个输入输出端口不是很多的设计时，我们可以转储保存波形。验证团队的目的是验证设计的响应是否正确。如果我们通过波形去检查验证响应，这将是十分耗费时间的事情，因为你需要对数目众多的输入和输出进行检查，确认设计功能是否有失败的地方。

在实际的验证环境中，在特定的时刻会有众多的输入输出发生变化，面对这样的变化去进行调试将是一件非常困难的事情。

即使我们可以使用 $monitor 和 $display 以文本形式获取信息，但是这种方式的验证效率并不是很高，我们依然不能找到所有的缺陷，为此，我们引入了基于断言的验证方法，使用断言后，如果设计响应不正确，那么将会给出相应的错误信息。断言主要分为两种，一种是立即断言，一种是并发断言。

1. 立即断言

这种类型的断言是比较简单的一种断言，可以使用 if-else 完成该类型断言的编写。

假如有一个简单的实现结果加载的处理器示例，在输出 enable 和 store 为高的时候，数据将会被传输。针对这种场景，我们可以 always@* 和立即断言实现这样的检查，如下：

```
always @*
  assert (~(enable && store))
  else $error("Not able to store the result");
```

在这个立即断言中，enable 和 store 的每一个变化都会被这个断言检查到。因为绝大多数时候设计都是同步的，所以我们期望在时钟的上升沿进行断言检查，我们该如何实现呢？为此，我们可以使用如下的 property 结构。

```
property NotEnableNotStore;
  @(posedge clk) (~(enable && store));
endproperty
```

2. 并发断言

这种类型的断言功能很强大，在验证过程中经常使用，我们可以用于检测属性。

```
assert property (NotEnableNotStore);
```

在下面的小节中，我们将讨论基于断言的验证和如何使用断言检查 DUV 的响应。

正如上面讨论的那样，虽然我们可以使用断言和属性来测试立即断言和并发断言，但是根据经验，一般情况下都是将断言和属性分开独立编写的。

例如有一个流水线处理器，当其中的 store 为高，FIFO_empty 为 1 时，我们可以把数据转储到 FIFO 中，用断言实现如下：

```
property dump;
  @(posedge clk) store && FIFO_empty |=> dump;
endproperty
```

使用"|=>"符号表示非交叠蕴含，表示左边表达式为真后的下一个时钟周期如果右边表达式也为真，则该断言成功。

同时，有时可能不想在属性中指定时钟上升沿，那么我们可以通过指定默认 clocking 块来实现时钟的指定，指定方式如下所示：

```
default clocking clock_block @(posedge clk);
endclocking
```

与非交叠蕴含对应的是交叠蕴含，其操作符是"|->"，表示左边表达式和右边表达式在同一个时钟周期为真，代码示例如下：

```
property data_not_stored;
  store && FIFO_empty |-> memory_store;
endproperty
```

上述示例中，交叠蕴含操作符"|->"表示如果 store 和 FIFO_empty 为真，memory_store 也为真，则属性成功。

也可以使用 cover 语句测试属性，如下所示：

```
cover property (data_not_stored);
```

14.4 程序块

在 SystemVerilog 中引入了 program 块，可以在模块和接口中例化嵌套。program 块的另一个特点是其中可以包含一个或者多个 initial 过程块，但是不能包括 always 块、UDP、模块和接口。示例 14.7 描述了一个使用 clocking 块的程序块。

示例 14.7 程序块

```
module clk_program;
  logic data_in, clk;
  initial begin
    clk <= '0;
    forever #5 clk = ~clk;
  end
  program_block U1 (.*);
endmodule
program program_block (
    output logic data_in,
    input clk
);
```

```
//program clocking 块
default clocking c_b1 @(posedge clk);
  output #3 data_in;
endclocking
initial begin
  $timeformat(-9, 0, "ns", 10);
  $monitor(" %t: data_in = %b clk = %b", $time, data_in,
    clk);
end
initial begin
  data_in <= '1;  //0 ns 是 clk 为 0, data_in 为 1
  ##1 c_b1.data_in <= '0;  //5 ns: clk = 1
  //7 ns: data_in = 0
  //10 ns: clk = 0
  ##1 c_b1.data_in <= '1;  //15 ns: clk = 1
  //17 ns: data_in = 1
  //20 ns: clk = 0
  ##1 c_b1.data_in <= '0;  //25 ns: clk = 1
  //27 ns: data_in = 0
  //30 ns: clk = 0
  ##1 $finish;  //35 ns: clk = 1
end
endprogram
```

14.5 示 例

本节将讨论验证用例和测试平台的各个组件。测试平台的组件如图 14.1 所示。

表 14.1 描述了存储体模型对应的输入输出端口，我们需要设计一个自动化的测试平台。

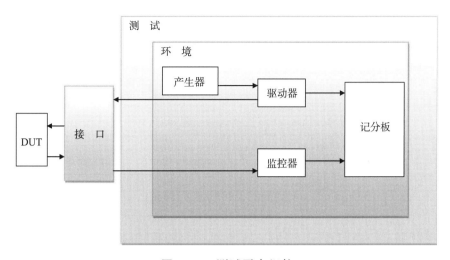

图 14.1　测试平台组件

表 14.1　**存储体待测设计的输入和输出描述**

输入和输出端口	说　明
clk	存储体输入时钟
reset	存储体输入复位
address	存储体地址输入
write_en	存储体写使能输入
read_en	存储体读使能输入
write_data	存储体写数据输入
read_data	存储体读数据输出

14.5.1　测试平台顶层

测试平台顶层包含以下部分：

（1）时钟和复位信号声明。

（2）时钟产生逻辑。

（3）复位产生逻辑。

（4）接口实例化并与 DUV 连接。

（5）验证用例实例。

（6）DUV 实例。

（7）波形转储文件。

示例 14.8　顶层测试平台

```
`include "interface.sv"
`include "random_test.sv"

module tbench_top;
  // 时钟和复位信号声明
  bit clk;
  bit reset;
  // 时钟产生逻辑
  always #10 clk =~ clk;
  // 复位产生逻辑
  initial begin
    reset = 1;
    #10 reset = 0;
  end
  // 接口实例化并与DUV连接
  mem_intf intf (clk,reset);
  // 测试用例实例化
  test t1(intf);
  //DUV实例化
  memory DUV (
    .clk(intf.clk),
    .reset(intf.reset),
    .address(intf.addr),
    .write_en(intf.write_en),
    .read_en(intf.read_en),
    .write_data(intf.write_data),
    .read_data(intf.read_data)
  );
  // 保存波形转储文件
  initial begin
    $dumpfile("response.vcd"); $dumpvars;
  end
endmodule
```

14.5.2 事务级类

事务级类主要作用如下：

（1）有助于激励的产生。

（2）用于监控 DUT/DUV 信号的变化。

下面将一步一步展示事务级类的定义。

1. 使用关键字 rand 修饰，用于描述随机变量

代码如示例 14.9 所示。

示例 14.9

```
class transaction;
  // 类成员声明
  rand bit [15:0] addr_m;
  rand bit read_en;
  rand bit write_en;
  rand bit [7:0] write_data;
  bit [7:0] read_data;
  bit [1:0] cnt;
endclass
```

2. 对 write_en 和 read_en 增加约束

代码如示例 14.10 所示。

示例 14.10

```
class transaction;
  // 类成员声明
  rand bit [15:0] addr_m;
  rand bit read_en;
  rand bit write_en;
  rand bit [7:0] write_data;
  bit [7:0] read_data;
  bit [1:0] cnt;
  // 约束 write_en 和 read_en
  constraint wr_rd_c {write_en != read_en;};
endclass
```

14.5.3　产生器类

测试平台中的产生器可以产生有效的事务级数据，这些事务级数据会发送给驱动器，驱动器会将产生器产生的数据通过接口驱动给 DUT。

下面是创建产生器的步骤：

（1）声明事务级数据。

（2）声明信箱。

（3）使用 repeat 结构，指定要产生的数据的个数。

（4）声明事件。

（5）定义构造函数。

（6）声明一个主任务，该任务会将事务级数据包放入信箱中。

示例 14.11　产生器

```
class generator;
  // 声明事务级数据句柄
  rand transaction trans;
  // 声明信箱
  mailbox gentodriv;
  // 使用 repeat 结构，指定要产生的数据的个数
  int repeat_count;
  // 声明事件
  event ended;
  // 定义构造函数
  function new(mailbox gentodriv, event ended);
    // 从环境获得信箱句柄
    this.gentodriv = gentodriv;
    this.ended = ended;
  endfunction
  // 声明一个主任务，该任务会将事务级数据包放入信箱中
  task main();
    repeat (repeat_count) begin
      trans = new();
      if (!trans.randomize()) $fatal("Gen:: transaction
```

```
            randomization failed");
          gentodriv.put(trans);
        end
        ->ended;
    endtask
endclass
```

14.5.4　驱动器类

下面是创建驱动器的主要步骤：

（1）计数驱动的事务级数据。

（2）创建虚接口句柄。

（3）创建信箱句柄。

（4）定义构造函数。

（5）获取接口。

（6）从环境获得信箱句柄。

（7）初始化复位序列。

（8）驱动事务级数据到对应的接口。

示例 14.12　驱动器

```
class driver;
    // 用于计数驱动的事务级数据
    int no_transactions;
    // 创建虚接口句柄
    virtual mem_int fmem_vif;
    // 创建信箱句柄
    mailbox gentodriv;
    // 定义构造函数
    function new(virtual mem_intf mem_vif, mailbox gentodriv);
        // 从环境获得接口
        this.mem_vif   = mem_vif;
        // 从环境获得信箱句柄
        this.gentodriv = gentodriv;
```

```
      endfunction
      // 初始化复位序列
      task reset;
        wait (mem_vif.reset);
        $display("--------- [DRIVER] Let us start the Reset
                 initialization Start---------");
        `DRIVER_IF.write_en <= 0;
        `DRIVER_IF.read_en <= 0;
        `DRIVER_IF.address <= 0;
        `DRIVER_IF.write_data <= 0;
        wait (!mem_vif.reset);
        $display("--------- [DRIVER] Let us end the Reset
                 initialization ---------");
      endtask
      // 驱动事务级数据到对应的接口
      task driver;
        forever begin
          transaction trans;
          `DRIVER_IF.write_en <= 0;
          `DRIVER_IF.read_en  <= 0;
          gentodriv.get(trans);
          $display("---------[DRIVER-TRANSFER:%0d]---------",
                   no_transactions);
          @(posedge mem_vif.DRIVER.clk);
          DRIVER_IF.addresss <= trans.address;
          if (trans.write_en) begin
            `DRIVER_IF.write_en   <= trans.write_en;
            `DRIVER_IF.write_data <= trans.write_data;
            $display("\tADDRESS = %0h \tWRITE DATA = %0h",
              trans.addrESS, trans.write_data);
            @(posedge mem_vif.DRIVER.clk);
          end
          if (trans.read_en) begin
            `DRIVER_IF.read_en <= trans.read_en;
            @(posedge mem_vif.DRIVER.clk);
```

```
        `DRIV_IF.readd_en <= 0;
        @(posedge mem_vif.DRIVER.clk);
        trans.rdata = `DRIV_IF.read_data;
        $display("\tADDRESS = %0h \tREAD_DATA = %0h",
                trans.address, `DRIVER_IF.read_data);
      end
      $display("--------------------------------------");
      no_transactions++;
    end
  endtask
endclass
```

14.5.5　环境类

环境类中包含了信箱、产生器和驱动器。构建测试平台环境的主要步骤如下：

（1）声明产生器和驱动器句柄。

（2）声明信箱句柄。

（3）声明用于产生器和测试程序同步的事件。

（4）声明虚接口。

（5）定义构造函数。

（6）创建信箱对象，用于连接产生器和驱动器。

（7）创建产生器和驱动器对象。

示例 14.13　环境类

```
`include "transaction.sv"
`include "generator.sv"
`include "driver.sv"
class environment;
  // 声明产生器和驱动器句柄
  generator gen;
  driver drive;
  // 声明信箱句柄
```

```
    mailbox gentodriv;
    // 声明用于产生器和测试程序同步的事件
    event gen_ended;
    // 声明虚接口
    virtual mem_intf mem_vif;

    // 定义构造函数
    function new(virtual mem_intf mem_vif);
        // 从测试程序获得接口
        this.mem_vif = mem_vif;
        // 创建信箱对象，用于连接产生器和驱动器
        gentodriv = new();
        // 创建产生器和驱动器对象
        gen = new(gentodriv,gen_ended);
        drive = new(mem_vif,gentodriv);
    endfunction

    task pre_test();
        drive.reset();
    endtask

    task test();
        fork
            gen.main();
            drive.main();
        join_any
    endtask

    task post_test();
        wait(gen_ended.triggered);
        wait(gen.repeat_count == drive.no_transactions);
    endtask
    //execute 任务
    task execute;
        pre_test();
```

```
        test();
        post_test();
        $finish;
    endtask
endclass
```

14.5.6　随机测试

以下是进行随机测试的重要步骤：

（1）声明环境类句柄。

（2）创建环境类对象。

（3）设置要产生的数据包个数。

（4）调用环境类中的 execute 方法。

示例 14.14　随机测试

```
`include "environment.sv"
program test(mem_intf intf);
    // 声明环境类句柄
    environment env;
    initial begin
        // 创建环境类对象
        env = new(intf);
        // 设置要产生的数据包个数
        env.gen.repeat_count = 15;
        // 调用环境类中的 execute 方法
        env.execute();
    end
endprogram
```

14.6　总结和展望

下面是对本章要点的总结：

（1）检查单中重点要关注的就是边角用例、测试用例和测试向量。

（2）立即断言是比较简单的一种断言，可以使用 if-else 完成该类型断言的编写。

（3）并发断言功能很强大，在验证过程中经常使用。

（4）SystemVerilog 支持受约束的随机激励的产生。

（5）程序块中可以包含一个或者多个 initial 过程块，但是不能包含 always 块、UDP、模块和接口。

本章我们讨论了 SystemVerilog 中的一些高级的验证技术、随机化和断言，下一章我们主要关注学习使用 SystemVerilog 实现的验证案例。

第15章　验证案例

使用更好的验证结构，可以实现自动化的设计验证本章主要讨论由 DUV、接口、产生器、驱动器、监控器和记分板构成的测试平台案例的研究，此外，还会进一步讨论 SystemVerilog 中的结构在验证过程中的应用。

15.1 验证目标

面对复杂的设计，验证是一项非常耗费时间的工作。设计的复杂度和期望的验证目标决定了验证团队的规模。在工业中，为了实现健壮性和灵活性更好的验证环境，我们需要遵循下面的一些要求：

（1）较好的验证计划：有模块级、顶层和全芯片级对应的验证计划。

（2）验证周期：验证工作与 RTL 设计同时启动，并在验证过程中使用功能模型作为黄金参考模型。

（3）测试用例：理解模块级和芯片级的设计功能，记录所需的测试用例，并依据验证计划实现指定的模块级和芯片级的覆盖率目标。

（4）随机测试用例：创建随机测试用例以进行模块级验证。

（5）较好的测试平台架构：开发包括接口、驱动器、产生器、监控器和记分板等组件的自动化多层次验证平台。

（6）覆盖率目标：在模块级和芯片级设定覆盖率目标，例如：功能覆盖率、代码覆盖率、翻转覆盖率和随机约束的覆盖率等。

15.2 RTL设计（待测设计）

表 15.1 给出了待测设计的输入和输出端口。

表 15.1 DUV 输入和输出端口

输入和输出端口	说 明
clk	DUV 的时钟输入
reset_n	DUV 的复位输入
valid_data	数据有效输入
address_in	DUV 地址输入
data_in	DUV 数据输入
address_out	DUV 的输出地址
data_out	DUV 的输出数据

示例 15.1 是使用 SystemVerilog 描述的设计。

示例 15.1

```systemverilog
module DUT #(
    parameter ADDR_WIDTH = 16,
    parameter DATA_WIDTH = 8,
    parameter ADDR_DIV   = 8'hFF
) (
    input clk,
    input reset_n,
    input valid_data,
    input [ADDR_WIDTH-1:0] address_in,
    input [DATA_WIDTH-1:0] data_in,
    output logic [ADDR_WIDTH-1:0] address_out,
    output logic [DATA_WIDTH-1:0] data_out
);
  always_ff @(posedge clk) begin
    if (~reset_n) begin
      address_out <= 0;
      data_out <= 0;
    end else begin
      if (valid_data) begin
        if (address_in >= 0 & address_in <= ADDR_DIV) begin
          address_out <= address_in;
          data_out <= data_in;
        end
      end
    end
  end
endmodule : DUT
```

图 15.1 是我们要设计的测试平台的架构。

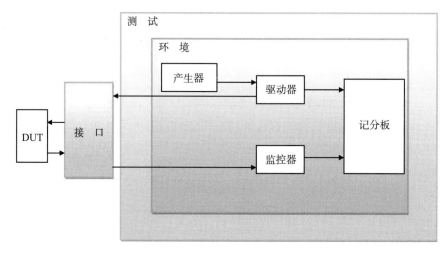

图 15.1 测试平台架构及相关组件

本节要描述的测试平台的主要组件有 DUT/DUV、接口、产生器、监控器、驱动器、记分板、环境和测试，读者需要使用这些组件在创建测试平台的同时建立起它们之间的联系。

15.2.1 事务级数据类

示例 15.2 描述了一个事务级数据的类。

示例 15.2 事务级数据

```
class DUT_item;
  rand bit [15:0] address_in;
  rand bit [7:0] data_in;
  bit [15:0] address_out;
  bit [7:0] data_out;
  // 打印数据的函数
  function void print(string tag = "");
    $display("T = %0t %s address_in = 0x%0h data_in = 0x%0h
            address_out = 0x%0h data_out = 0x%0h", $time,
            tag, address_in, data_in, address_out,
            data_out,);
  endfunction
endclass
```

15.2.2　产生器类

　　测试平台中的该组件可以产生有效的事务级数据，并且将这些数据驱动给驱动器，驱动器将产生器产生的这些事务级数据通过接口驱动给 DUT。示例 15.3 实现了一个产生器的类。

　　示例 15.3　产生器

```
class generator;
  mailbox driver_mailbox;
  event drive_done;
  int num = 20;
  task execute();
    for (int j = 0; j < num; j++) begin
      DUT_item item = new;
      item.randomize();
      $display("T = %0t [Generator] Loop:%0d/%0d to create
              next item", $time, i + 1, num);
      driver_mailbox.put(item);
      @(drive_done);
    end
    $display("T = %0t [Generator] Completed the generation of
            %0d items", $time, num);
  endtask
endclass
```

15.2.3　驱动器类

　　驱动器可以用来记录发送给接口的事务级数据的数目。示例 15.4 描述了驱动器的实现。

　　示例 15.4　驱动器

```
task execute();
  $display("T = %0t [Driver] starting …", $time);
  @(posedge vif.clk);
  // 从信箱得到的数据驱动给接口
  forever begin
    DUT_item item;
```

```
        $display("T = %0t [Driver] waiting for the item …", $time);
        driver_mailbox.get(item);
        item.print("Driver");
        vif.valid_data <= 1;
        vif.address_in <= item.addr_in;
        vif.data_in <= item.data_in;
        // 传输结束，触发drive_done事件
        @(posedge vif.clk);
        vif.valid_data <= 0;
        ->driver_done;
    end
endtask
```

15.2.4 监控器类

监控器主要用于监测 DUT 的输出，示例 15.5 描述了监控器的实现。

示例 15.5 监控器

```
class monitor;
  virtual DUT_if vif;
  mailbox scb_mailbox;
  semaphore sem;
  function new();
    sem = new(1);
  endfunction
  task execute();
    $display("T = %0t [Monitor] starting …", $time);
    sample_port("Thread0");
  endtask
  task sample_port(string tag = "");
    // 监控器任务将从接口监控到的数据转换成事务级数据
    // 转换完成后将数据压入信箱中
    forever begin
      @(posedge vif.clk);
      if (vif.reset_n & vif.valid_data) begin
        DUT_item item = new;
```

```
            sem.get();
            item.addresss_in = vif.address_in;
            item.data_in = vif.data_in;
            $display("T = %0t [Monitor] %s address data in",
                     $time, tag);
            @(posedge vif.clk);
            sem.put();
            item.address_out = vif.address_out;
            item.data_out = vif.data_out;
            $display("T = %0t [Monitor] %s address data out",
                     $time, tag);
            scb_mailbox.put(item);
            item.print({"Monitor_", tag});
        end
    end
  endtask
endclass
```

15.2.5 记分板类

记分板主要用于将监控器的输出与参考模型的输出进行比较，示例 15.6 是一个记分板的实现。

示例 15.6 记分板

```
class scoreboard;
  mailbox scb_mailbox;
  task execute();
    forever begin
      DUT_item item;
      scb_mailbox.get(item);
      if (item.address_in inside {[0 : 'hff]}) begin
        if ((item.address_out != item.address_in)||(
             item.data_out != item.data))
          $display("T = %0t [Scoreboard] ERROR! Mismatch
                   address_in = 0x%0h data_in = 0x%0h
                   address_out = 0x%0h data_out = 0x%0h",
```

```
                        $time, item.address_in, item.data_in,
                        item.address_out, item.data_out);
                else
                    $display("T = %0t [Scoreboard] PASS! Mismatch
                        address_in = 0x%0h data_in = 0x%0h
                        address_out = 0x%0h data_out = 0x%0h",
                        $time, item.address_in, item.data_in,
                        item.address_out, item.data_out);
            end
        end
    endtask
endclass
```

15.2.6 环境类

环境类中包括了信箱、产生器和驱动器，示例 15.7 描述了一个环境类，其中包括了驱动器、监控器、产生器和记分板。

示例 15.7 环境类的实现

```
class enviroment;
    driver d0;    // 驱动器句柄
    monitor m0;    // 监控器句柄
    generator g0;    // 产生器句柄
    scoreboard s0;    // 记分板句柄
    mailbox driver_mailbox;    // 用于连接产生器和驱动器
    mailbox scb_mailbox;    // 用于连接监控器和记分板
    event driver_done;    // 表示驱动完成
    virtual DUT_if vif;    // 声明虚接口
    function new();
        d0 = new;
        m0 = new;
        g0 = new;
        s0 = new;
        driver_mailbox = new();
        scb_mailbox = new();
        d0.driver_mailbox = driver_mailbox;
```

```
    g0.driver_mailbox = driver_mailbox;
    m0.scb_mailbox = scb_mbx;
    s0.scb_mailbox = scb_mbx;
    d0.driver_done = driver_done;
    g0.driver_done = driver_done;
  endfunction
  virtual task execute();
    d0.vif = vif;
    m0.vif = vif;
    // 使用 fork join_any 执行多线程
    fork
      d0.execute();
      m0.execute();
      g0.execute();
      s0.executen();
    join_any
  endtask
endclass
```

15.2.7　测试类

示例 15.8 描述了随机测试类中的任务和函数。

示例 15.8　随机测试

```
class rand_test;
  env e0;
  function new();
    e0 = new;
  endfunction
  task execute();
    e0.execute();
  endtask
endclass
```

15.2.8　接　口

示例 15.9 是接口的实现。

示例 15.9 接口定义

```
interface DUT_if (
    input bit clk
);
  logic reset_n;
  logic valid_data;
  logic [15:0] address_in;
  logic [7:0] data_in;
  logic [15:0] address_out;
  logic [7:0] data_out;
endinterface
```

15.3 设计验证的展望

我们正在见证技术发展的黄金时期，正如我们看到的，跨国公司、EDA 行业和代工厂正在合作起来开发制造具有人工智能和机器学习能力的芯片。

在过去的十几年中，我们见证了集成密度的指数级增长以及工艺节点的限制，根据我在设计验证领域的工作经验，可以预见，设计和验证将在以下方面发生比较大的变化：

（1）ASIC 和 FPGA 设计：随着设计复杂度的指数级增长，ASIC 和 FPGA 设计将在更低的工艺节点上面临设计需求的大量增长。一些芯片设计和制造公司会将具有可编程功能的智能技术应用到生产制造中。而低工艺节点 IP 的开发和 IP 的需求的增加，也将大大提高市场收入。同时，更多的智能化和创新性的设备也会进入市场，并且通过芯片的设计可以监测预测设计的行为。

（2）晶圆代工厂：晶圆代工厂将在更低的工艺节点上进行技术的发展，主要倾向于制造更耐用、低功耗、高速度和低噪声的芯片。

（3）EDA：为了更好、更高效地设计 ASIC 和 FPGA，EDA 厂商将整合面积、速度、功率和 PVT 变化分析等算法。而算法的提升可以通过使用人工智能和机器学习以及深度学习的方法，找到最优化目标并实现对于设计的优化。当然 EDA 技术的发展，也将支持新的设计和验证语言的发展，以及它们在更低工艺节点上的应用。

（4）IP 开发：在工业生产中，我们已经有了 USB、DDR 和 AHB 等复杂功能设计和验证 IP。市场对于新 IP 的需求，也将推动 IP 市场的进一步发展。在工作过程中，使用经过功能和时序验证的 IP 可以有效地减少验证的时间。面对这样的前景，我们将会目睹即插即用技术在硬件设计和验证方面的发展。

（5）AI/ML 设计和验证：我们正在见证人工智能和机器学习所带来的新算法在人工智能方面的改进，因此很多公司也正在致力于深度学习和算法改进，这些发展都将推动 ASIC 和 FPGA 的设计验证的发展。

读者朋友们，让我们紧跟技术发展的步伐，并融入其中，以获得更好的结果！

附　录

附录A

本书中使用到的 SystemVerilog 关键字如下表所示。

assign	reg	wire	logic
input	output	module	endmodule
begin	end	fork	join
always_comb	always_latch	always_ff	posedge
negedge	function	enfunction	return
case	endcase	if	else
for	while	do	initial
unique	priority	int	enum
`define	bit	parameter	typedef
localpar	`timescale	forever	signed
unsigned	automatic	struct	integer
union	packed	real	void
shortreal	byte	wait	ref
inout	task	endtask	casex
disable	continue	break	interface
casez	alias	repeat	generate
endinterface	modport	import	mailbox
endgenerate	assert	semaphore	class
property	endproperty	program	endclocking
endclass	virtual	clocking	foreach
rand	constraint	repeat	environment
default	event		

附录B

Verilog 对大小写敏感，下面是 Verilog-2001 和 Verilog-2005 中的一些结构。

1. 模块声明

```
module comb_design (
    input wire a_in, b_in,
    output wire y1_out, y2_out,
    output reg [7:0] y3_out
);
    // 并行结构、时序语句和赋值语句
```

```
endmodule
```

2. 连续赋值语句

既不是阻塞赋值语句也不是非阻塞赋值语句。

```
assign y1_out = a_in ^ b_in;  // 线网类型是 wire
```

3. always@*

always@* 是组合逻辑过程块。

```
always @* begin
    // 阻塞赋值语句或者顺序执行结构，数据类型为 reg
end
```

4. always@(posedge clk)

always@(posedge clk) 是时序逻辑过程块，对时钟上升沿敏感。

```
always @(posedge clk) begin
    // 同步复位和赋值
    // 非阻塞赋值语句或者时序逻辑结构，数据类型为 reg
end
```

5. always@（posedge clk or negedge reset_n）

always@（posedge clk or negedge reset_n）是时序逻辑过程块，对时钟上升沿和复位下降沿敏感。

```
always @(posedge clk or negedge reset_n) begin
    // 异步复位和赋值语句
    // 非阻塞赋值语句或者时序逻辑结构，数据类型为 reg
end
```

6. always@(negedge clk)

always@(negedge clk) 是时序逻辑过程块，对时钟下降沿敏感。

```
always @(negedge clk) begin
    // 非阻塞赋值语句或者时序逻辑结构，数据类型为 reg
end
```

7. 过程块中的多个阻塞赋值语句（=）

```
begin
  tmp_1 = data_in;
  tmp_2 = tmp_1;
  tmp_3 = tmp_2;
  q_out = tmp_3;
end
```

8. 过程块中的多个非阻塞赋值语句（<=）

```
begin
  tmp_1 <= data_in;
  tmp_2 <= tmp_1;
  tmp_3 <= tmp_2;
  q_out <= tmp_3;
End
```

9. always 过程块中的 if-else 结构

```
if( 条件 )
// 赋值语句或者表达式
else
// 赋值语句或者表达式
end
```

10. always 过程块中的 case-endcase 结构

```
case(sel_in)
// 条件表达式
endcase
```

11. always 过程块中的 casex-endcase 结构

```
casex(sel_in)
// 条件表达式
endcase
```

12. always 过程块中的 casez-endcase 结构

```
casez (sel_in)
```

```
    // 条件表达式
endcase
```

13. initial 过程块

```
initial begin
    // 不可综合的赋值语句
end
```

关于其他的结构，可参考 Verilog-2005 语言手册。

附录C

SystemVerilog 向下兼容 Verilog，下面是 SystemVerilog 中的一些重要语法结构。

1. 模块声明

```
module comb_design (
    input logic a_in, b_in,
    output logic y1_out, y2_out,
    output logic [7:0] y3_out
);
    // 并行结构、时序语句和赋值语句
endmodule
```

2. 连续赋值语句

既不是阻塞赋值语句也不是非阻塞赋值语句。

```
assign y1_out = a_in ^ b_in;   // 线网类型是 wire
```

3. always_comb

always_comb 是组合逻辑过程块。

```
always_comb begin
    // 阻塞赋值语句或者顺序执行结构，数据类型为 reg, logic
end
```

4. always_ff@(posedge clk)

always_ff@(posedge clk) 是时序逻辑过程块，对时钟上升沿敏感。

```
always_ff @(posedge clk) begin
  // 同步复位和赋值
  // 非阻塞赋值语句或者时序逻辑结构，数据类型为 reg
end
```

5. always_ff@（posedge clk or negedge reset_n）

always_ff@（posedge clk or negedge reset_n）是时序逻辑过程块，对时钟上升沿和复位下降沿敏感。

```
always @(posedge clk or negedge reset_n) begin
  // 异步复位和赋值语句
  // 非阻塞赋值语句或者时序逻辑结构，数据类型为 reg,logic
end
```

6. always_ff@(negedge clk)

always_ff@(negedge clk) 是时序逻辑过程块，对时钟下降沿敏感。

```
always @(negedge clk) begin
  // 非阻塞赋值语句或者时序逻辑结构，数据类型为 reg,logic
end
```

7. 过程块中的多个阻塞赋值语句（=）

```
begin
  tmp_1 = data_in;
  tmp_2 = tmp_1;
  tmp_3 = tmp_2;
  q_out = tmp_3;
end
```

8. 过程块中的多个非阻塞赋值语句（<=）

```
begin
  tmp_1 <= data_in;
  tmp_2 <= tmp_1;
  tmp_3 <= tmp_2;
```

```
    q_out <= tmp_3;
end
```

9. always 过程块中的 if-else 结构

```
if( 条件 )
// 赋值语句或者表达式
else
// 赋值语句或者表达式
end
```

10. always 过程块中的 unique if-else 结构

```
unique if( 条件 )
// 赋值语句或者表达式
else
// 赋值语句或者表达式
end
```

11. always 过程块中的 priority if-else 结构

```
priority if( 条件 )
// 赋值语句或者表达式
else
// 赋值语句或者表达式
end
```

12. always 过程块中的 case-endcase 结构

```
case( 条件 )
// 条件表达式
endcase
```

13. always 过程块中的 casex-endcase 结构

```
casex( 条件 )
// 条件表达式
endcase
```

14. always 过程块中的 casez-endcase 结构

```
casez （条件）
```

```
// 条件表达式
endcase
```

15. always 过程块中 unique case - endcase 结构

```
unique case（条件）
// 条件表达式
endcase
```

16. always 过程块中 priority case - endcase 结构

```
priority case（条件）
// 条件表达式
endcase
```

17. initial 过程块

```
initial begin
    // 不可综合的赋值语句
end
```

关于其他的结构，可参考 SystemVerilog 语言手册。